普通高等教育"十四五"精品教材

U0169427

Access 2016 数据库技术
与应用实验指导

主　编　朱正国　甘丽霞

副主编　罗　佳　黄　萍　陈　曦　刘　彬

西南交通大学出版社
·成　都·

内容简介

　　本书根据教育部考试中心有关文件要求（2021 年 12 月）、全国计算机等级考试二级 Access 数据库程序设计考试大纲（2022 年版）教学要求组织编写而成。通过实验指导，培养学生利用计算机解决实际问题的能力，更加注重培养学生的实践动手能力、应用能力及创新能力，使学生能够在今后的学习和工作中，将计算机技术与本专业紧密结合，使计算机技术更为有效地应用于各专业领域，为今后的学习和工作打好基础。

　　本书内容主要包括数据库基础、表、查询、界面设计、程序设计、公共基础知识及公共基础知识新大纲。本书实训内容丰富，结构清晰合理，语言准确精练，内容详略适当，注重实践，每章均有大量的典型案例供读者练习。

　　本书适合作为普通本科院校非计算机专业的计算机基础教材（高等专科学校可选其中的部分章节进行教学），也可作为计算机等级考试用书，以及广大社会在职人员、计算机入门者的学习参考书。

图书在版编目（C I P）数据

Access 2016 数据库技术与应用实验指导/朱正国，
甘丽霞主编. 一成都：西南交通大学出版社，2022.8
　ISBN 978-7-5643-8889-8

　Ⅰ. ①A… Ⅱ. ①朱… ②甘… Ⅲ. ①关系数据库系统
Ⅳ. ①TP311.132.3

　中国版本图书馆 CIP 数据核字（2022）第 160562 号

Access 2016 Shujuku Jishu yu Yingyong Shiyan Zhidao

Access 2016 数据库技术与应用实验指导

　　　　　　　　　　　　　　　　　　　　　　　责任编辑/黄庆斌

主　编/朱正国　甘丽霞　　　　　　　　　　特邀编辑/刘姗姗
　　　　　　　　　　　　　　　　　　　　　　　封面设计/原谋书装

西南交通大学出版社出版发行
（四川省成都市金牛区二环路北一段 111 号西南交通大学创新大厦 21 楼　　610031）
　发行部电话：028-87600564　　028-87600533
　网址：http://www.xnjdcbs.com
　印刷：四川森林印务有限责任公司

　成品尺寸　185 mm×260 mm
　印张　9.75　　字数　253 千
　版次　2022 年 8 月第 1 版　　印次　2022 年 8 月第 1 次

　书号　ISBN 978-7-5643-8889-8
　定价　36.00 元

　图书如有印装质量问题　本社负责退换
　版权所有　盗版必究　举报电话：028-87600562

前　言

　　本书根据教育部考试中心有关文件要求（2021 年 12 月）、全国计算机等级考试二级 Access 数据库程序设计考试大纲（2022 年版）中所涉及的知识点与技能点，并结合本科院校非计算机专业学生的计算机实际水平与社会需求等相关内容编写而成。针对普通高等院校非计算机专业的教学目标和要求，本书紧跟计算机技术的发展和应用水平，以任务为驱动，强化应用，注重实践，引导创新，全面培养和提高学生应用计算机处理信息、解决实际问题的能力。通过实验，培养学生利用计算机解决实际问题的能力，更加注重培养学生的实践动手能力、应用能力及创新能力，使学生能够在今后的学习和工作中，将计算机技术与专业知识紧密结合，使计算机技术更为有效地应用于各专业领域，为今后的学习和工作打好基础。

　　本书由攀枝花学院朱正国、甘丽霞担任主编，罗佳、黄萍、陈曦、刘彬担任副主编。各章编写分工如下：第 1 章、第 2 章由罗佳编写，第 3 章由甘丽霞和刘彬编写，第 4 章由黄萍编写，第 5 章由陈曦编写，第 6 章、第 7 章由朱正国编写。全书由朱正国、甘丽霞负责总体策划和内容审定。

　　本书的出版得到攀枝花学院教务处领导的大力支持，同时也得到攀枝花学院从事计算机教学的老师们的支持与关心，在此一并表示真诚的感谢！

　　由于编者水平有限，加之时间仓促，书中难免存在不足与欠妥之处，为便于今后修订，恳请广大读者提出宝贵的意见与建议。

编　者

2022 年 6 月

数字资源索引

章节	序次	二维码名称	资源类型	页码
	33	3-13 查询 QC1	视频	43
	34	3-14 查询 QC2	视频	44
	35	3-15 查询 QC3	视频	44
	36	3-16 查询 QC4	视频	44
	37	3-17 查询 QD1	视频	45
	38	3-18 查询 QE1	视频	45
	39	3-19 查询 QE2	视频	46
	40	3-20 查询 QE3	视频	46
	41	3-21 查询 QE4	视频	46
	42	3-22 3.1 扩展练习	视频	47
	43	0-4 实验 3.2 数据包	数字资源	48
	44	3-23 查询 MQA1	视频	49
	45	3-24 查询 MQA2	视频	49
	46	3-25 查询 MQA3	视频	49
	47	3-26 查询 MQB1	视频	51
	48	3-27 查询 MQB2	视频	53
	49	3-28 查询 tg1	视频	54
	50	3-29 查询 tg2	视频	54
	51	3-30 3.2 扩展练习查询 SQT1	视频	54
	52	3-31 3.2 扩展练习查询 SQT2	视频	54
	53	3-32 3.2 扩展练习查询 SQT3	视频	54
	54	3-33 3.2 扩展练习查询 SQT4	视频	54
	55	0-5 实验 3.3 数据包	数字资源	55
	56	3-34 查询 TQA1	视频	56
	57	3-35 查询 TQA2	视频	57
	58	3-36 查询 TQA3	视频	57
	59	3-37 查询 TQB1	视频	57
	60	3-38 查询 TQB2	视频	59
	61	3-39 查询 TQB3	视频	59
	62	3-40 查询 TQC1	视频	60
	63	3-41 查询 TQC2	视频	60
	64	3-42 查询 TQD1	视频	60
	65	3-43 查询 TQE1	视频	61

续表

目　录

实 验

第 1 章　数据库基础

实验 1.1　数据库的创建

【实验目的】

1. 了解 Access 2016 的启动与退出方法；
2. 熟悉 Access 2016 的操作界面及常用操作方法；
3. 掌握 Access 2016 数据库的创建方法；
4. 了解 Access 2016 数据库的常用操作。

【实验内容】

在 D 盘创建一个名为"date1.1"的文件夹，完成如下内容。

【任务 1】数据库的创建

1. 创建空白的数据库：启动 Access 2016，创建一个空白的"图书管理.accdb"数据库，将该数据库文档窗口显示设置为"重叠窗口"，并将数据库保存在"D：\date1.1"文件夹中。

2. 使用模板创建数据库：启动 Access 2016，通过学生样本模板创建一个"学生.accdb"数据库，保存在"D：\date1.1"文件夹中。

【任务 2】数据库的打开和关闭

打开和关闭数据库：以独占方式打开"学生.accdb"数据库，并浏览其包含的所有数据库对象，最后关闭该数据库。

【任务 3】数据库的备份和加密

1. 数据库的备份：在当前文件夹下为"图书管理.accdb"数据库备份，备份后的数据库名为"图书管理副本.accdb"。

2. 数据库的加密：为"图书管理.accdb"数据库设置密码"panda123"。

【实验操作】

【任务 1】数据库的创建

1. 创建空白数据库的操作步骤如下。

（1）启动 Access 2016（与一般的 Windows 应用程序启动方法相同）。

1-1　数据库的创建

（2）在 Access 2016 启动窗口中，单击"空白数据库"按钮，如图 1-1 所示。

（3）在弹出对话框中，将默认的文件名"Database1.accdb"修改为"图书管理.accdb"，单击 按钮选择数据库的保存位置，最后单击"创建"按钮完成创建，如图 1-2 所示。

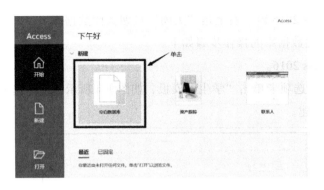

图 1-1　"开始"页面

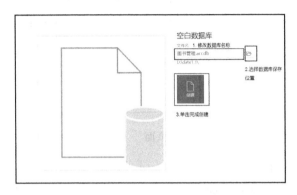

图 1-2　创建空白数据库

（4）单击"文件"选项卡，选择"Access 选项"命令，打开"Access 选项"对话框，单击左侧窗格中的"当前数据库"按钮，将"文档窗口选项"选项按钮切换为"重叠窗口"，再单击"确定"按钮保存设置，如图 1-3 所示。在弹出的"Microsoft Access"对话框中单击"确定"按钮。

图 1-3　"Access 选项"对话框

（5）单击 Access 2016 窗口右上角"关闭"按钮关闭数据库。

2. 使用模板创建数据库的操作步骤如下。

（1）启动 Access 2016。

（2）在"新建"选项卡单击"学生"模板，如图 1-4 所示，在弹出窗口中按照空白数据库的创建方式完成创建。

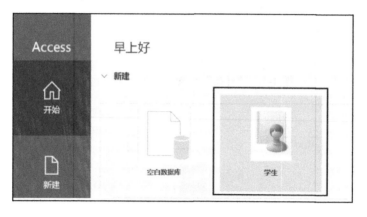

图 1-4 "开始"页面

1-2 数据库的
打开与关闭

【任务 2】数据库的打开和关闭

打开与关闭数据库的操作步骤如下。

（1）启动 Access 2016，切换到"打开"选项卡，单击"浏览"按钮，如图 1-5 所示，弹出"打开"对话框。

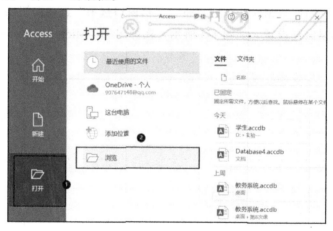

图 1-5 "打开"页面

（2）在"打开"对话框中的地址栏输入"D：\date1.1"，在文件列表中选择"学生.accdb"，然后单击"打开"按钮右边的箭头，选择"以独占方式打开"，如图 1-6 所示。

图 1-6 "打开"对话框

（3）如图1-7所示，单击左侧导航窗格的向下箭头按钮，将"浏览类别"组中的"学生导航"切换为"对象类型"，选择"按组筛选"中的"所有Access对象"即可显示当前数据库的所有对象，双击对象即可运行。

图 1-7 "导航窗格"下拉菜单

（4）单击数据库窗口右上角的"关闭"按钮即可关闭数据库（与一般的Windows应用程序关闭方法相同）。

【任务3】数据库的备份和加密

1. 定期备份数据库可以防止数据丢失。备份数据库的操作步骤如下。

（1）打开"图书管理.accdb"数据库，单击"文件"选项卡，选择"另存为"命令，打开"另存为"页面，在"文件类型"列表中选择"数据库另存为"，在"数据库另存为"列表中选择"备份数据库"，如图1-8所示。

1-3 数据库的
备份与加密

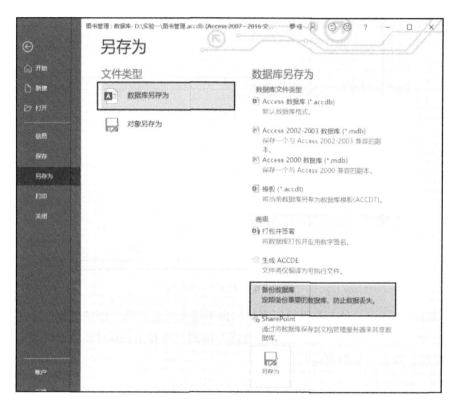

图 1-8 "另存为"页面

（2）单击"另存为"窗口右下角的"另存为"按钮，打开"另存为"对话框，选择备份的数据库文件的保存位置，输入备份的数据库文件的名字"图书管理副本.accdb"，然后单击"保存"按钮即可完成备份，如图1-9所示。

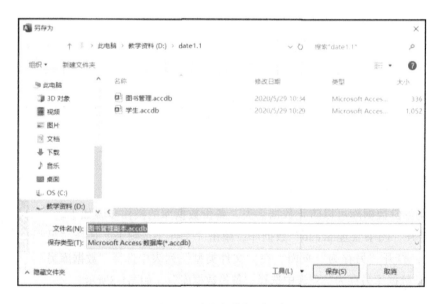

图 1-9 "另存为"对话框

2. 加密数据库的操作步骤如下。

（1）打开"图书管理.accdb"数据库，单击"文件"选项卡，选择"信息"命令，如图1-10所示。

图 1-10　"信息"页面

（2）单击"用密码进行加密"按钮，打开如图1-11所示对话框，在"密码"和"验证"文本框中输入预设置的密码"panda123"，单击"确定"按钮完成设置。

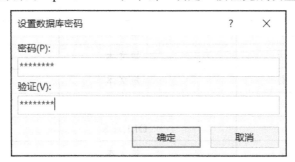

图 1-11　"设置数据库密码"对话框

【课后思考】

1. "文件"菜单中的"关闭"命令和右上角"关闭"按钮有什么区别？有时候"关闭"命令呈灰色，这是为什么？

2. 有哪些数据库文件的备份方法？

第 2 章 表

实验 2.1 表的创建

0-1 实验 2.1 数据包

【实验目的】

1. 掌握创建表的方法和过程；
2. 熟练掌握字段类型的选取及相关属性的设置；
3. 掌握不同类型的表记录的录入方法。

【实验内容】

打开"图书管理.accdb"数据库完成本次实验，实验内容如下。

【任务 1】建立表结构

1. 使用"设计视图"创建表：在"图书管理.accdb"数据库中，利用设计视图创建"读者信息"表，表结构如表2-1所示。

表 2-1 "读者信息"表结构

字段名称	数据类型	字段大小
读者编号	短文本	12
读者姓名	短文本	5
读者电话	短文本	11
读者类别	短文本	4
状态	是/否	
照片	OLE对象	
所属院系	短文本	50
办证日期	日期/时间	
密码	短文本	15
备注	长文本	

2. 使用"数据表视图"创建表：在"图书管理.accdb"数据库中，利用数据表视图创建"借阅"表，表结构如表2-2所示。

表 2-2 "借阅"表结构

字段名称	数据类型	字段大小
读者编号	短文本	12
图书编号	短文本	12

借阅日期	日期/时间	
还书日期	日期/时间	

【任务2】增加、修改和删除字段

打开"读者信息"表完成如下操作。

1. 修改"读者姓名"字段大小为6，修改"读者电话"字段名称为"电话号码"。

2. 在"状态"和"照片"字段之间加入"性别"字段，数据类型为"短文本"字段，大小为1。

3. 将"性别"字段移动到"读者姓名"字段之后。

4. 删除"备注"字段。

【任务3】向表中输入数据

1. 将表2-3中的数据输入到"读者信息"表中，其中读者尹洁荣的"照片"字段记录为文件夹中的"尹洁荣.bmp"图像文件。

表2-3 "读者信息"表录入记录

读者编号	读者姓名	性别	电话号码	读者类别	状态	照片	所属院系	办证日期	密码
pzhu11105001	尹洁荣	男	15800004918	在校	☑	位图	土木工程学院	2018/9/1	12345678
pzhu11105010	刘浪	男	15366691345	在校	☑		土木工程学院	2018/9/1	LL3344
pzhu11105016	赵介琦	女	13317431122	在校	☑		土木工程学院	2018/9/1	25896322
pzhu32304044	赵誉为	女	15951845801	在校	☑		数学与计算机学院	2018/9/1	36985211

2. 将表2-4中的数据输入到"借阅"表中。

表2-4 "借阅"表录入记录

读者编号	图书编号	借阅日期	还书日期
pzhu11105010	22001142530	2019/11/10	2019/12/5
pzhu11105010	22001142530	2020/11/24	
pzhu11105010	22001258254	2019/11/10	2019/12/15
pzhu11105016	22001258254	2019/5/9	2019/6/29
pzhu32304044	22001258254	2019/9/25	2019/11/19

【任务4】主键和外键

1. 根据"读者信息"表和"借阅"表内记录情况为这两张表分别设置主键。

2. 分析"读者信息"表和"借阅"表的构成情况，判断其中的外键，并将该外键字段名称存入所属表格的属性说明中。

【任务5】字段属性设置

在"读者信息"表中对相关字段进行属性设置。

1.设置"读者编号"字段的输入掩码属性,前4位自动输出"pzhu",后8位为任意数字(可以不满8位);设置相关属性使该字段在数据表视图中显示标题为"编号"。

2.设置"电话号码"字段的相关属性,使其只能输入11位数字。

3.设置"性别"字段的验证规则和验证文本属性,要求只能输入"男"或"女"这两个字其中的一个,当输入其他字符时提示:"只能输入男或女"。

4.设置"读者类别"字段默认值为"在校","状态"字段格式为"真/假",默认值为True。

5.设置"办证日期"字段格式属性,使该字段的记录显示格式为"××月××年",要求年必须用2位显示,月份按照正常数位显示。比如2021年9月,则显示为9月21年,2022年12月则显示为12月22年;设置该字段相关属性,使该字段的输入格式为:"××年××月××日"。

6.设置"密码"字段相关属性,使输入记录中所有的数据都以"*"号遮挡,默认密码为6个8。

7.设置"读者姓名"字段必需属性为"是",允许空字符串属性为"否",索引设置为"有(有重复)"。

【任务6】设置"查阅向导"型字段

将"读者信息"表中的"所属院系"字段值的输入方式设置为:从下拉列表中选择"土木工程学院""外国语学院""数学与计算机学院""经济与管理学院"和"智能制造学院"选项值。

【实验操作】

【任务1】建立表结构

1.在设计视图下完成表结构的创建,操作步骤如下。

(1)打开"图书管理.accdb"数据库,切换到"创建"选项卡,如图2-1所示,单击"表格"组中的"表设计"按钮,打开如图2-2所示的表设计视图。

2-1 建立表结构

图2-1 "创建"选项卡

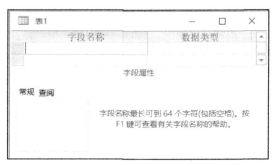

图2-2 表设计视图

(2)在设计视图中新建表,按题干中的表建立新字段。在第一行"字段名称"列输入"读者编号"，单击"数据类型"修改为"短文本"，在下方"字段属性"的"常规"选项卡下的"字段大小"框内输入"12"，如图2-3所示。根据上述操作方法添加其他字段，所有字段添加完成后，单击快速访问工具栏中的"保存"按钮，此时会弹出"另存为"对话框，在该对话框内输入"读者信息"后，然后单击"确定"按钮，系统会提示"尚未定义主键"，此时选择该对话框中的"否（N）"按钮，我们将在后面的任务中完成对表的主键设置，此时可以看到在"导航栏"的"表"类别下方内出现了"读者信息"表，就完成了表的创建。

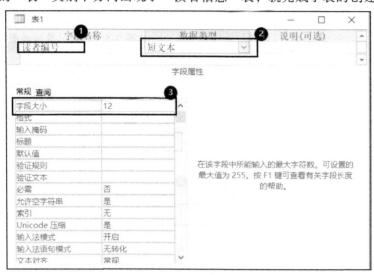

图 2-3　字段属性设置

2. 通过"表"完成表结构的创建，操作步骤如下。

（1）打开"图书管理.accdb"数据库，切换到"创建"选项卡，单击"表格"组中的"表"按钮，如图2-4所示。这时系统将创建默认名为"表1"的新表，并以"数据表视图"打开。

（2）此时系统已默认添加了一个名为"ID"的字段，类型为自动编号型，如果不需要可以选中该字段单击鼠标右键，在右键菜单中选择"删除"命令，若需要则继续添加新字段，可以单击"单击以添加"按钮的下拉菜单，在该菜单内选择合适的数据类型，就可以添加新的字段类型，系统默认为该字段命名为"字段n"，我们可以选择该字段名称，将其修改为所需字段名即可。如图2-5所示，字段行将新增一个短文本类型的"字段1"，先选择"短文本"，然后再将其名称改为"读者编号"。在上方"字段"选项卡中的"属性"组中的"字段大小"处输入"12"，如图2-6所示，就可以完成"读者编号"字段的添加。以相同的方法继续添加"图书编号""借阅日期"和"还书日期"这几个字段，完成后单击上方保存按钮，在"另存为"对话框中输入"借阅"，单击"确定"按钮，就将表保存到了数据库中。

图 2-4　"创建"选项卡

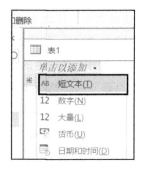

图 2-5　选择"数据类型"

图 2-6　添加"读者编号"字段

注意：如果需要修改字段的其他属性，最好的方法是在"表设计"视图中进行。

【任务 2】增加、修改和删除字段

　　双击"导航窗格"内的"读者信息"表，打开该表，选择"设计视图"将该表切换到设计视图界面，以下操作都在该界面下完成。

2-2　增加删除修改字段

　　1.用鼠标单击"读者姓名"字段名称后，在下方的"字段属性"的"常规"选项卡中的"字段大小"属性后方的框内将原来的"5"改为6，字段大小修改完成。用鼠标选中字段名"读者电话"，用键盘上的"Backspace"键删掉，重新输入新的字段名称"电话号码"即可。

　　2.要在"状态"和"照片"字段之间加入"性别"字段，则需要先用鼠标点选字段名"照片"，可以在右键菜单中选择"插入行"，也可以在上方工具栏内选择 [插入行] 按钮，此时会在"状态"和"照片"字段之间加入一个空白的字段，然后在"字段名"处输入"性别"，在后方数据类型处选择"短文本"，在下方的"字段大小"处输入1，即可完成"性别"字段的添加。

　　3.移动字段的方法是：先用鼠标单击"性别"字段前方的小方块，然后用鼠标左键选中该小方块不松开，将"性别"字段直接拖到"读者姓名"字段之后，松开鼠标，操作完成。

　　4.选择"备注"字段，可以用右键菜单中的"删除行"命令，也可以用上方工具栏中的 [删除行] 按钮，删除字段。

【任务3】向表中输入数据

输入数据，需要在数据表视图完成，操作步骤如下。

（1）双击"导航窗格"中的"读者信息"表，打开"读者信息"表"数据表视图"。

2-3 向表中输入数据

（2）从第1条空记录的第1个字段开始分别输入"读者编号""读者姓名"和"电话号码"等字段的值，每输入完一个字段值，按Enter键或者按Tab键转至下一个字段。

注意：可以用任意一种日期格式来输入"日期/时间"型字段的值，也可单击"日期/时间"型字段右侧的"日期选取器"按钮，打开日历控件，通过该控件选择相应的日期。

（3）输入"照片"时，将鼠标指针指向该记录的"照片"字段列，右击鼠标，打开快捷菜单，选择"插入对象"命令，如图2-7所示。在弹出"插入对象"对话框中选择"由文件创建"选项，单击"浏览"按钮，如图2-8所示。打开"浏览"对话框，找到本题的文件夹，在列表中找到并选中"尹洁荣.bmp"，单击"确定"按钮。

图2-7 选择"插入对象"命令

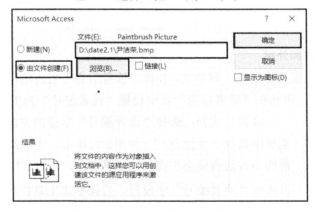

图 2-8 "插入对象"对话框 1

注意：当照片不是位图文件时，需要在弹出的"插入对象"对话框中选择"新建"选项，在"对象类型"中选择"Bitmap Image"，如图2-9所示，并在弹出的画图窗口中单击"剪贴板"组中的"粘贴"向下箭头按钮，选择"粘贴来源"选项，如图2-10所示。在"粘贴来源"

对话框中，选择要插入的图片，如图2-11所示。单击"打开"按钮，返回画图窗口，关闭画图窗口完成图片的录入。

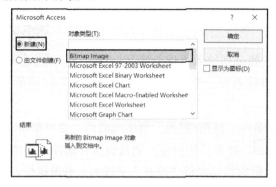

图 2-9　"插入对象"对话框 2

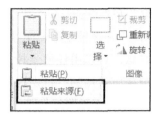

图 2-10　"画图"窗口

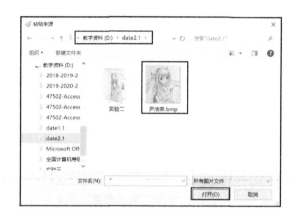

图 2-11　"粘贴来源"对话框

【任务4】主键和外键

1. 根据主键所需条件是唯一和非空，分析"读者信息"表内的所有字段，只有"读者编号"字段符合条件，因此在"读者信息"表中设置"读者编号"为主键。

2-4　主键和外键设置

设置方法为：选择"读者编号"字段前方的小方块，在鼠标右键菜单中选择"主键(K)"，如图2-12所示，完成后在"读者编号"字段前的小方块内就会出现钥匙的图标，代表该字段单独作主键。也可以选中"读者编号"字段后，直接单击工具栏内的，也可以设置主键。

图 2-12　右键菜单设置主键图

根据主键所需条件是唯一和非空，分析"借阅"表内的所有字段，无法确定主键，切换到"数据表视图"观察记录，发现"读者编号"字段内有重复记录，"图书编号"字段内有重复记录，借阅日期内也有重复记录，可以推测还书日期也可能有重复记录，因此无法选择一个字段单独作为主键使用。除了单独字段可以做主键外，还可以用多个字段组合做主键，在该表中若选择"读者编号"和"图书编号"一起组合做主键，在表中存在重复记录的，因为一个读者可以多次借阅同一本书，因此这两个字段组合不能做主键，若在这两个字段的基础上再加上"借阅日期"字段，这三个字段组合在表中是不存在重复值的，通过分析得到在"借阅"表中需要"读者编号""图书编号"和"借阅日期"三个字段一起做主键使用。

设置方法为：用鼠标选中"读者编号"前方的小方块后，不要松开鼠标左键，向下拖动鼠标直至"借阅日期"字段，松开鼠标，三个字段全被选中，此时不能用右键菜单设置主键，只能用工具栏中的"主键"按钮直接设置，设置完后在这三个字段上都会出现钥匙的图标，如图2-13所示。

字段名称
读者编号
图书编号
借阅日期

图 2-13　多字段设置主键界面

2.判断外键的方法是找到两张表内相同的字段，若该字段在一张表内单独做主键，那么该字段在另一张表内则为外键。在"读者信息"表和"借阅"表中两个相同的字段是"读者编号"，通过上题分析得知，该字段在"读者信息"表中单独做主键，而在"借阅"表中与其他字段一起做主键，因此该字段在"读者信息"表中是主键，而在"借阅"表中是外键。

将外键名称放入表格说明中的操作步骤为：

（1）打开"借阅"表，切换到"设计视图"界面；

（2）在工具栏内选择"显示/隐藏"组内选择 图标后，在界面的右边会出现如图2-14所示的"属性表"设置界面；

（3）在该界面内找到"说明"属性，在后面输入该表外键的名称"读者编号"，如图2-14所示。

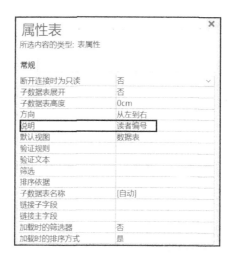

图2-14 属性表设置界面

【任务5】字段属性设置

打开"读者信息"表，切换到"设计视图"后就可以对表内字段的
属性进行设置，操作时需要注意以下三点：

（1）必须先选中字段，才能对下方的属性进行设置；

（2）所有输入的符号都必须用英文状态输入，否则计算机无法识别；

（3）由"设计视图"切换到"数据表视图"，必须先保存后才能切

换。

2-5　字段属性设置

1.用鼠标选中"读者编号"字段后，在下方的"字段属性"的"常规"属性内进行相关
设置，具体设置界面如图2-15所示。

读者信息	
字段名称	数据类型
读者编号	短文本
读者姓名	短文本
性别	短文本
电话号码	短文本
读者类别	短文本
状态	是/否
照片	OLE 对象
所属院系	短文本
办证日期	日期/时间
密码	短文本

常规　查阅	
字段大小	12
格式	
输入掩码	"pzhu"99999999
标题	编号
默认值	

图 2-15 "读者编号"字段属性设置界面

2.先选中"电话号码"字段，由于题目要求是输入格式的限制，因此只需要设置该字段
的输入掩码属性即可，具体设置如图2-16所示。

图 2-16   "电话号码"字段属性设置界面

3.先选中"性别"字段,验证规则是限制输入数据的取值范围,因此一般使用逻辑表达式;验证文本是当输入数据不满足验证规则时所给出的提示信息,因此一般用文字表达式。具体设置如图2-17所示。

图 2-17   "性别"字段属性设置界面

4.先选中"读者类别"字段,在默认值属性后面输入"在校",如图2-18所示。再选中"状态"字段,在格式属性内选择"真/假",在默认值属性后输入"True",如图2-19所示。

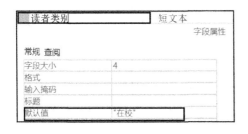

图2-18   "读者类别"字段属性设置界面

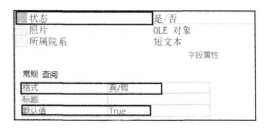

图2-19   "状态"字段属性设置界面

5.先选中"办证日期"字段,对于日期/时间型的字段的格式属性,可以用y表示年份,m表示月份,d表示日期,对于年份来说只能有两种情况:"yy"表示2位的年,"yyyy"表示4位的年;而对于月份和日期来说,"m"和"d"表示正常数位显示,"mm"和"dd"表示两位数显示。根据题目要求应该在格式属性中输入"m月yy年",具体设置如图2-20所示。

图2-20 "办证日期"字段属性设置界面

输入格式限制应该使用输入掩码属性，日期/时间型字段的输入掩码可以直接用向导完成。操作方法是：先单击输入掩码后方的█图标，在弹出的"输入掩码向导"对话框中选择与题目中要求的样式"短日期（中文）"后单击完成按钮，具体设置如图2-21所示。

图2-21 "输入掩码向导"设置界面

6.先选中"密码"字段，若需要设置以星号遮挡格式，则需要使用输入掩码属性，在该字段"输入掩码"属性后面输入"密码"即可。设置默认值直接在该字段的"默认值"后面的方框内输入"888888"，该字段具体设置如图2-22所示。

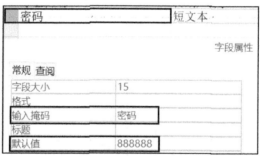

图2-22 "密码"字段属性设置界面

7.先选中"读者姓名"字段，然后在相关属性中按题目要求设置，具体设置如图2-23所示。

图2-23 "读者姓名"字段属性设置界面

【任务6】设置"查阅向导"型字段

将"所属院系"字段的数据类型修改为"查阅向导"型,操作步骤如下。

2-6 "查询向导"
字段设置

(1)单击"所属院系"行的"数据类型"列的下三角按钮,在弹出的下拉列表中选择"查阅向导"命令,如图2-24所示。

图2-24 "查阅向导"数据类型

(2)弹出"查阅向导"对话框,在该对话框中选中"自行键入所需的值"单选按钮,然后单击"下一步"按钮,如图2-25所示。

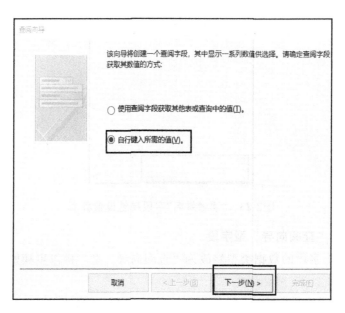

图 2-25 确定查阅字段获取数值的方式

（3）打开"查阅向导"对话框，输入"土木工程学院""外国语学院""数学与计算机学院""经济与管理学院"和"智能制造学院"，输入完成后，单击"下一步"按钮，如图2-26所示。

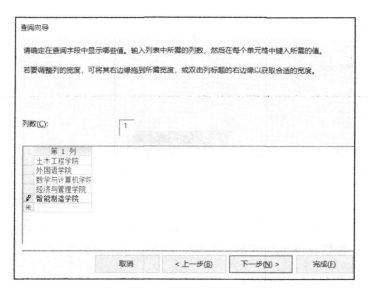

图 2-26 确定在查阅字段中显示的值

（4）单击"完成"按钮，按Ctrl+S键保存操作。

注意：在设计视图中可以看到"所属院系"字段的数据类型依旧显示的是"短文本"，但在字段属性"查阅"选项卡中的"行来源类型"和"行来源"已有所改变，如图2-27所示。可以切换到"数据表视图"查看"所属院系"的字段值，从下拉列表中选择输入，如图2-28所示。

图2-27 "所属院系"字段的查阅选项卡

图 2-28 "所属院系"字段的查阅列表

【扩展练习】

在"图书管理"数据库中完成如下要求。

1. 按照表2-5，创建 "图书信息"表。

2-7 2.1 扩展练习

表 2-5 "图书信息"表结构

字段名称	数据类型	字段大小	说明
图书编号	短文本	12	
图书名称	短文本	20	
主编	短文本	10	
出版社	短文本	20	
ISBN号	短文本	30	
出版时间	日期/时间		
价格	短文本	10	
在库数	数字	整数	可以借出的数
采购日期	日期/时间		
所属类别	短文本	10	小类别
书库类别编码	短文本	10	

2. 判断并设置"图书信息"表的主键。

3．设置"图书信息"表中"书库类别编码"字段的相关属性，要求前两位必须为字母，其余位为0～9的数值（可以有空位），记录显示字符为大写。

4．将"图书信息"表中的"价格"字段的数据类型修改为货币型，保留两位小数，设置验证规则为只能输入大于0的数，验证文本为"图书价格应大于0"。

5．"出版时间"字段以"××××年××月"的形式显示（月必须为两位数），输入格式为"短日期"。

6．在"图书信息"表中增加一个字段"赔偿价格"，该字段数据类型为"计算"，按照"价格"的80%计算得到。

【课后思考】

1．字段属性"格式""输入掩码"和"验证规则"之间的区别是什么？

2．在实际生活中，我们需要填写身份证号，怎么去设计字段的输入掩码？

实验 2.2　表的基本操作

【实验目的】

1. 掌握表的各种维护与操作方法；
2. 掌握表内记录的基本操作方法；
3. 掌握数据的导入和导出；
4. 理解表间关系的概念并掌握建立表间关系的方法。

【实验内容】

打开文件夹下的"图书管理.accdb"数据库，完成以下操作。

【任务 1】维护表

1. 备份表：将"读者信息"表备份，备份表名称为"读者表"。

2. 冻结列：设置"读者信息"表格式，确保在浏览数据表时，"读者姓名"字段列不被移出屏幕。

3. 隐藏与显示字段：隐藏"读者信息"表中的"照片"字段列，并将"读者编号"列重新显示出来。

4. 调整表的外观：设置"图书信息"表的字体为"宋体"，字体大小为12，表的行高为15，"图书名称"字段宽度为28，背景色为主题色："深蓝，文字2，淡色60%"，网格线颜色为标准色"深蓝"。

5. 调整字段位置：将"图书信息"表中的"采购日期"字段和"在库数"字段显示位置互换。

【任务 2】查找、替换数据

将"读者信息"表内"读者姓名"字段中所有的"小"字改为"晓"。

【任务 3】排序记录

1. 对"图书信息"表中的记录按"图书编号"字段升序排列。

2. 对"读者信息"表中的记录按"读者姓名"字段升序排列，"读者姓名"相同的记录按"读者编号"降序排列。

【任务 4】筛选记录

1. 打开"读者信息"表，筛选出所有"数学与计算机学院"的记录。

2. 打开"图书信息"表，使用"高级筛选/排序"功能筛选出2017年采购的价格在100元以下（含100元）的图书信息，并按价格降序排列。

【任务 5】表数据的导入/导出

1. 导入：将文件夹中的"读者.xlsx"的数据导入到"图书管理.accdb"数据库的"读者信息"表中。

2. 导出：将"图书管理.accdb"数据库中"图书信息"表中的数据导出到文件夹内的

"samp.accdb"数据库文件中，要求只导出表结构定义，导出表命名为"图书信息"。

3. 链接：将文件夹中"samp.accdb"数据库文件中的表对象"tTest"链接到"图书管理.accdb"数据库文件中，要求链接表对象重命名为 tTemp。

【任务6】建立表之间的关联

通过相同字段建立当前数据库表对象"读者信息""图书信息"和"借阅表"的表间关系，并实施参照完整性。

【实验操作】
【任务1】维护表

2-8　维护表

维护表的操作步骤如下。

1. 右击"读者信息"表，选择"复制"命令，再次右击，选择"粘贴"命令。在弹出对话框中输入表名称"读者表"，在"粘贴选项"中选择"结构和数据"，单击"确定"按钮，如图2-29所示。

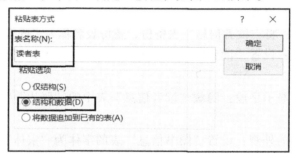

图 2-29　"粘贴表方式"对话框

2. 分析题意可知，需要冻结"读者姓名"字段列。打开"读者信息"表的数据表视图，选中"读者姓名"列，右击打开快捷菜单，选择"冻结字段"命令完成冻结操作，如图2-30所示。

图 2-30　选择"冻结字段"命令

3. 显示或隐藏字段的操作步骤如下。

（1）打开"读者信息"表的数据表视图，选中"照片"字段列，右击打开快捷菜单，选择"隐藏字段"命令完成隐藏操作。

（2）选中表中的任一字段右击，在弹出菜单中选择"取消隐藏字段"命令，在弹出对话框中的"列"列表中选中"读者编号"复选框，即可使"读者编号"列显示出来，如图2-31所示。

图 2-31　"取消隐藏列"对话框

4. 调整表格的外观，在数据表视图完成，操作步骤如下。

（1）打开"图书信息"表的表视图，在"开始"选项卡"文本格式"组中，从"字体"下拉列表中选择"宋体"，在"字号"下拉列表中选择"12"。

（2）单击表格左上角的"全选"按钮 ，选中所有行右击，在弹出菜单中选择"行高"命令，并在"行高"对话框中设置值为"15"。

（3）选中"图书名称"字段列，右击打开快捷菜单，选择"字段宽度"命令，在弹出对话框中的"列宽"文本框中输入"28"。

（4）单击"开始"选项卡下"文本格式"组右下角的"设置数据表格式"按钮 ，弹出"设置数据表格式"对话框，在"背景色"的下拉列表中选择"深蓝，文字2，淡色60%"选项，设置网格线颜色为标准色"深蓝"，如图2-32、图2-33所示。

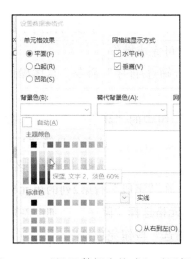
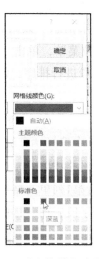

图 2-32　"设置数据表格式"对话框　　图 2-33　"网格线颜色"下拉菜单

5. 修改显示位置，只需要在表视图修改即可。用"数据表视图"打开"图书信息"表，选中"采购日期"字段列，按下鼠标左键并拖动鼠标到"在库数"字段前，释放鼠标左键。

【任务 2】查找、替换数据

查找、替换数据操作步骤如下。

1. 双击打开"读者信息"表的数据表视图，选中"读者姓名"列。

2. 单击"开始"选项卡"查找"组中 🔤替换 按钮，弹出"查找和替换"对话框，按如图2-34所示设置各个选项。

2-9 查找替换数据

3. 单击"全部替换"按钮，在弹出的信息提示框中单击"是"按钮，完成替换操作。

注意：也可以用快捷键Ctrl + H打开"查找和替换"对话框。

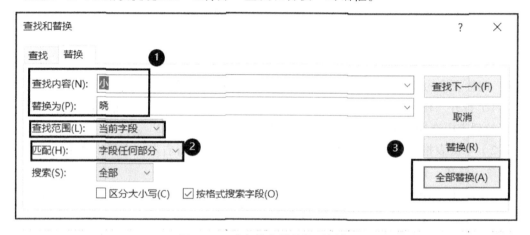

图 2-34 "查找和替换"对话框

【任务 3】排序记录

1. 打开"图书信息"数据表视图，单击"图书编号"字段右侧的下拉箭头 ▼，打开下拉菜单，单击"升序"命令即可完成操作。

2. 对多个字段进行排序，需要使用"高级筛选/排序"命令，具体操作步骤如下。

2-10 排序记录

（1）单击"开始"选项卡"排序和筛选"组中的"高级筛选选项"按钮，从弹出的菜单中选择"高级筛选/排序"命令，打开"读者信息筛选1"窗口。

（2）在设计网格中，在"字段"行第1列的单元格中选择"读者姓名"作为第1排序字段。在"排序"行第1列单元格选择"升序"，在"字段"行第2列的单元格中选择"读者编号"作为第2排序字段，在"排序"行第2列单元格选择"降序"，如图2-35所示。

（3）单击"排序和筛选"组中的"切换筛选"按钮完成排序。

图 2-35 "读者信息筛选 1"窗口

2-11 筛选记录

【任务 4】筛选记录

1. 打开"读者信息"表的数据表视图，单击"所属院系"字段列中任意一个为"数学与计算机学院"的单元格，再单击"开始"选项卡下的"排序和筛选"组中的"选择"下拉按钮，在弹出的下拉菜单中选择"等于""数学与计算机学院"""命令，如图2-36所示。

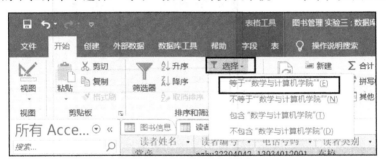

图 2-36 选择"等于'数学与计算机学院'"命令

2. "图书信息"表中只有"采购日期"字段，需使用Year函数求出采购年份，具体操作步骤如下。

（1）单击"开始"选项卡"排序和筛选"组中的"高级筛选选项"按钮，从弹出的菜单中选择"高级筛选/排序"命令，打开"图书信息筛选1"窗口。

（2）双击将"价格"和"采购日期"字段添加到设计网格中，在"价格"的条件行输入"<=100"，排序行选择"降序"；在"采购日期"的条件行输入"Year（[采购日期]）=2017"，如图2-37所示。

（3）单击"排序和筛选"组中的"切换筛选"命令完成筛选。

图 2-37 "图书信息筛选 1"窗口

【任务 5】表数据的导入/导出

2-12 表数据的
导入导出

1. 表数据的导入操作步骤如下。

（1）单击"外部数据"选项卡，在"导入并链接"组中，单击"新数据源"按钮，在弹出菜单中单击"从文件"→"Excel"命令，如图2-38所示。

图 2-38 导入数据菜单命令

（2）在打开的"获取外部数据"对话框中，单击"浏览"按钮，会打开一个名为"打开"的对话框，通过该对话框找到"读者.xlsx"所在文件夹，选中导入数据源文件"读者.xlsx"，单击"打开"按钮，返回到"获取外部数据"对话框中，在"指定数据在当前数据库中的存储方式和存储位置"选项组中选择"向表中追加一份记录的副本"，并在下拉列表中选择"读者信息"表，单击"确定"按钮，如图2-39所示。

（3）在打开的"导入数据表向导"对话框中单击"下一步"按钮。

（4）在打开的"请确定指定的第一行是否包含列标题"对话框中单击"下一步"按钮。

（5）在打开的"以上是向导导入数据所需的全部信息"对话框中的"导入到表"文本框中输入"读者信息"，单击"完成"按钮。

2. 表数据的导出操作步骤如下。

（1）在左侧的导航窗格中右击"图书信息"表，在弹出的快捷菜单中选择"导出"→"Access"命令，如图2-40所示。

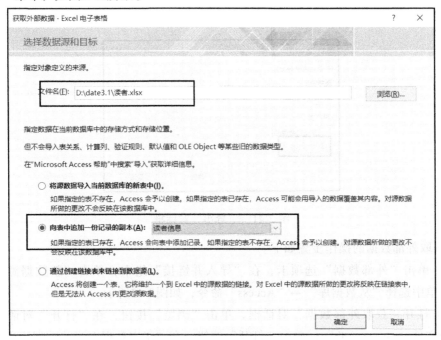

图 2-39　"获取外部数据"对话框

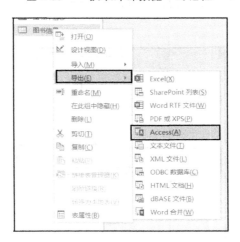

图 2-40　导出数据菜单命令

（2）在弹出的对话框中单击"浏览"按钮找到"samp.accdb"，单击"保存"按钮返回对话框，再单击"确定"按钮。

（3）在弹出的"导出"对话框中选择"仅定义"单选项，单击"确定"按钮，如图2-41所示。

图 2-41　"导出"对话框

3. 获取外部数据的操作步骤如下。

（1）单击"外部数据"选项卡，在"导入并链接"组中，单击"新数据源"按钮，在弹出菜单中选择"从数据库"→"Access"命令，如图2-42所示。

（2）打开"获取外部数据"对话框，单击"浏览"按钮，在"打开"对话框中找到要导入的文件"samp.accdb"，单击"打开"按钮，在"指定数据在当前数据库中的存储方式和存储位置"中选择"通过创建链接表来链接到数据源"单选项，单击"确定"按钮，如图2-43所示。

图 2-42　导入数据菜单命令

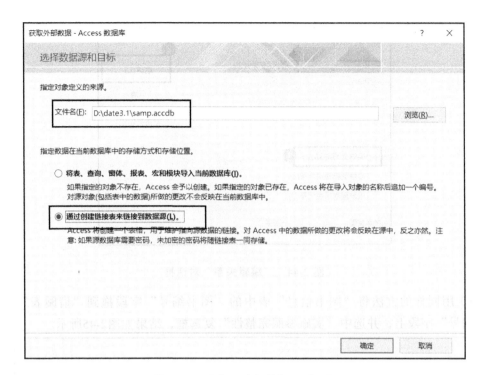

图 2-43　"获取外部数据"对话框

（3）在打开的"链接表"对话框中选中"tTest"表，单击"确定"按钮。

（4）在左侧导航窗格中右击"tTest"，在弹出的快捷菜单中选择"重命名"命令，在光标处输入"tTemp"，按 Ctrl+S 键保存修改。

【任务 6】建立表之间的关联

建立关系之前需关闭所有已打开的表，操作步骤如下。

（1）单击"数据库工具"选项卡→"关系"命令组→"关系"命令按钮，打开"关系"窗口，同时右击打开"显示表"对话框，双击添加"读者信息""图书信息"和"借阅表"，关闭"显示表"对话框。

（2）选定"读者信息"表中的"读者编号"字段，然后按下鼠标左键并拖动到"借阅表"表中的"读者编号"字段上，松开鼠标。此时屏幕显示如图2-44所示的"编辑关系"对话框。选中"实施参照完整性"复选框，单击"创建"按钮。

2-13　建立表之间的关联

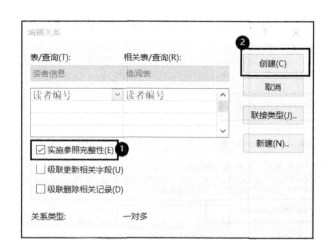

图 2-44   "编辑关系"对话框

（3）用同样的方法将"图书信息"表中的"图书编号"字段拖到"借阅表"表中的"图书编号"字段上，并选中"实施参照完整性"复选框，结果如图2-45所示。

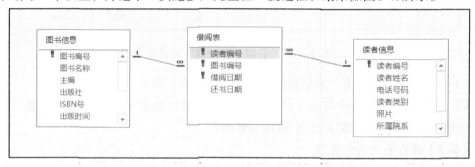

图 2-45   设置"实施参照完整性"后的关系布局

（4）单击"保存"按钮，保存表之间的关系，单击"关闭"按钮，关闭"关系"窗口。

【扩展练习】

2-14   2.2 扩展练习

在扩展练习文件夹下，已有"samp1.accdb"数据库文件和"tCourse.xlsx"文件，"samp1.accdb"中已建立表对象"tStud"和"tGrade"，试按以下要求完成表的各种操作。

1. 将"tCourse.xlsx"文件导入到"samp1.accdb"数据库中，表名不变。按如表2-6所示内容修改"tCourse"表的结构。根据"tCourse"表字段构成判断并设置主键。

表 2-6 "tCourse"表的结构

字段名称	数据类型	字段大小	格式
课程编号	短文本	8	

课程名称	短文本	20	
学时	数字	整型	
学分	数字	单精度型	
开课日期	日期/时间		短日期
必修否	是/否		是/否
简介	长文本		

2. 设置"tCourse"表中"学时"字段的验证规则：必须输入非空且大于等于0的数据。设置"开课日期"字段的默认值为本年度九月一日(要求本年度年号必须由函数获取)。设置表的格式：浏览数据表时，"课程名称"字段列不能移出屏幕，且网格线颜色为黑色。

3. 设置"tStud"表中"性别"字段的输入方式为从下拉列表中选择"男"或"女"选项值。设置"学号"字段的相关属性：只允许输入8位0～9的数字。将姓名中的"小"改为"晓"。

4. 将"tStud"表中"善于表现自己"的学生记录删除。设置表的验证规则：学生的出生年份应早于(不含)入校年份(出生年份由年龄字段获取)。设置表的验证文本：请输入合适的年龄和入校时间。

5. 在"tGrade"表中增加一个字段，字段名为"总评成绩"，字段值为总评成绩=平时成绩*40% + 考试成绩*60%，计算结果的"结果类型"为"整型"，"格式"为"标准"，"小数位数"为0。

6. 建立三表之间的关系。

第 3 章　查询

实验 3.1　选择查询基础

0-3　实验 3.1 数据包

【实验目的】

1. 了解用向导创建查询的方法；
2. 掌握用查询视图创建查询的方法；
3. 掌握查询条件的书写方法；
4. 掌握单表查询的基本操作及查询中的计算。

【实验内容】

【任务 1】用查询向导和设计视图创建查询

1. 在"图书管理.accdb"数据库中，用简单查询向导创建一个名为"QA1"的查询，要求显示读者编号、读者姓名、电话号码、照片和办证日期字段，部分运行效果如图3-1所示。

2. 在"图书管理.accdb"数据库中，用设计视图创建一个名为"QA2"的选择查询，要求显示图书名称、主编和出版社，部分运行效果如图3-2所示。

图3-1　QA1的查询结果　　　　　　　　图3-2　QA2的查询结果

【任务 2】条件表达式在查询中的运用

1. 在"图书管理.accdb"数据库中，以"QA1"为数据源，使用设计视图创建一个名为"QB1"的查询。查找没有照片的读者记录，要求显示读者姓名和电话号码字段的内容，部分运行效果如图3-3所示。

2. 在"图书管理.accdb"数据库中，使用设计视图创建一个名为"QB2"的查询。查找所有已毕业读者的记录，要求显示读者姓名、电话号码、所属院系和读者类别字段的内容，部分运行效果如图3-4所示。

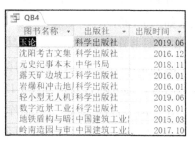

QB1

读者姓名	电话号码
李恩怀	15344488342
卢泯宇	13469517057
匡林	13776061042
刘浪	15366691345
李成坤	13338595468
赵介琦	13317431122
王飞	13118685136
罗从介	15887878492

图 3-3　QB1 的查询结果

QB2

读者姓名	电话号码	所属院系	读者
蓝楠	15115427809	土木工程学院	毕业
胡莎芸	13487636690	土木工程学院	毕业
王俊	15197273004	外国语学院	毕业
谭双庆	15985155752	数学与计算机学院	毕业
喻兴亮	13374162320	经管经济与管理学院	毕业

图 3-4　QB2 的查询结果

3. 在“图书管理.accdb”数据库中，使用设计视图创建一个名为“QB3”的查询。查找不能借书的读者(在“读者信息”表内状态字段值为假时就不能借书)，要求显示读者姓名、电话号码、所属院系和读者类别，部分运行效果如图3-5所示。

4. 在“图书管理.accdb”数据库中，使用设计视图创建一个名为“QB4”的查询。查找图书价格在85元到120元之间的图书（含85元和120元），要求显示图书名称、出版社、出版时间字段的内容，部分运行效果如图3-6所示。

QB3

读者姓名	电话号码	所属院系	读者类别
蓝楠	15115427809	土木工程学院	毕业
胡莎芸	13487636690	土木工程学院	毕业
王俊	15197273004	外国语学院	毕业
谭双庆	15985155752	数学与计算机学院	毕业
喻兴亮	13374162320	经管经济与管理学院	毕业

图 3-5　QB3 的查询结果

QB4

图书名称	出版社	出版时间
玉论	科学出版社	2019.06
沈阳考古文集	科学出版社	2016.12
元史纪事本末	中华书局	2018.11
露天矿边坡工	科学出版社	2016.01
岩爆和冲击地	科学出版社	2016.01
轻小型无人机	科学出版社	2019.06
数字近景工业	科学出版社	2018.01
地铁盾构与暗	中国建筑工业	2015.03
岭南造园与审	中国建筑工业	2017.10

图 3-6　QB4 的查询结果

5. 在“图书管理.accdb”数据库中，使用设计视图创建一个名为“QB5”的查询。查找2019年1月10日之前采购的图书记录，要求显示图书名称、主编和价格字段的内容，部分运行效果如图3-7所示。

6. 在“图书管理.accdb”数据库中，使用设计视图创建一个名为“QB6”的查询。查询图书名称中包含“古建筑”的图书信息，查询结果包含图书名称、主编和出版社，部分运行效果如图3-8所示。

7. 在“图书管理.accdb”数据库中，使用设计视图创建一个名为“QB7”的查询。查询“中华书局”和“科学出版社”出版的图书信息，查询结果包含图书名称、主编、价格、在库数和出版社字段的内容，部分运行效果如图3-9所示。

QB5		
图书名称	主编	价格
老龄化对我国	黄润龙著	62.00
基于网络理论	李守伟等著	149.00
沈阳考古文集	姜力里编	85.00
左传纪事本末	高士奇撰，杨	25.00
辽史纪事本末	李有棠撰，崔	58.80
寄生虫病影像	李宏军主编	28.00
露天矿边坡工	王家臣、孙书	88.00

图 3-7　QB5 的查询结果

QB6		
图书名称	主编	出版社
新疆古建筑（	范霄鹏编著	中国建筑工业
宁夏古建筑（	王军、燕宁娜	中国建筑工业
陕西古建筑（	王军、李钰、	中国建筑工业
西藏古建筑（	徐宗威著	中国建筑工业
云南古建筑（	杨大禹编著	中国建筑工业
云南古建筑（	杨大禹编著	中国建筑工业

图 3-8　QB6 的查询结果

QB7				
图书名称	主编	价格	在库数	出版社
老龄化对我国	黄润龙著	62.00	1	科学出版社
基于网络理论	李守伟等著	149.00	2	科学出版社
秋瑾集·徐自	郭延礼、郭蓁	75.00	1	中华书局
玉论	穆朝娜著	97.00	2	科学出版社
沈阳考古文集	姜万里编	85.00	1	科学出版社
左传纪事本末	高士奇撰，杨	25.00	1	中华书局
辽史纪事本末	李有棠撰，崔	58.00	1	中华书局

图 3-9　QB7 的查询结果

8. 在"图书管理.accdb"数据库中，使用设计视图创建一个名为"QB8"的查询。查询科学出版社1月份出版的图书，要求显示图书名称、所属类别和出版时间字段的内容，部分运行效果如图3-10所示。

9. 在"图书管理.accdb"数据库中，使用设计视图创建一个名为"QB9"的查询。查找外国语学院和土木工程学院已毕业的读者信息，查询结果包括读者姓名、所属院系和办证日期字段的内容，部分运行效果如图3-11所示。

10. 在"图书管理.accdb"数据库中，使用设计视图创建一个名为"QB10"的查询。查询非土木工程学院不姓王且姓名是两个字的读者信息，要求显示读者姓名、电话号码和所属院系字段的内容，部分运行效果如图3-12所示。

QB8		
图书名称	所属类别	出版时间
露天矿边坡工	建筑科学	2016.01
岩爆和冲击地	工业技术	2016.01
数字近景工业	自动化计算机	2018.01

图 3-10　QB8 的查询结果

QB9		
读者姓名	所属院系	办证日期
蓝楠	土木工程学院	2016/9/1
胡莎芸	土木工程学院	2016/9/1
王俊	外国语学院	2016/9/1

图 3-11　QB9 的查询结果

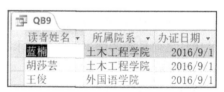

QB10		
读者姓名	电话号码	所属院系
常彦	13934012091	数学与计算机学院
易虹	15098119070	数学与计算机学院
胡雷	15152599016	数学与计算机学院
陶尧	15268629414	数学与计算机学院
倪晶	15166186921	数学与计算机学院
徐鉴	15486662612	数学与计算机学院
徐果	15612455021	智能制造学院
张萌	15779068466	智能制造学院

图 3-12　QB10 的查询结果

【任务3】通过查询产生新的字段和重命名字段

1. 在"图书管理.accdb"数据库中，使用设计视图创建一个名为"QC1"的查询。查找2019年采购的且图书编号前4位为"2200"的图书，要求显示图书编号、图书名称、价格和采购年份（由采购日期计算得到）字段的内容，部分运行效果如图3-13所示。

2. 在"图书管理.accdb"数据库中，使用设计视图创建一个名为"QC2"的查询。在已还书读者中查找借书天数超出60天（不含60天）的读者，查询结果显示读者编号和借书天数（借书天数=还书日期-借阅日期）字段的内容，部分运行效果如图3-14所示。

图 3-13　QC1 的查询结果　　　　图 3-14　QC2 的查询结果

3. 在"图书管理.accdb"数据库中，使用设计视图创建一个名为"QC3"的查询。查询没有还书的读者到2020年2月12日时已经借书的天数，查询结果显示读者编号和已借天数(已借天数=#2020/2/12#-借阅日期）字段的内容，部分运行效果如图3-15所示。

4. 在"图书管理.accdb"数据库中，使用设计视图创建一个名为"QC4"的查询。查找并显示读者情况和读者院系两个字段的内容，其中读者情况由读者姓名和电话号码组合而成，读者院系就是所属院系的记录，部分运行效果如图3-16所示

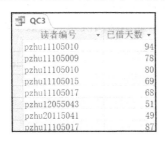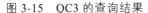

图 3-15　QC3 的查询结果　　　　图 3-16　QC4 的查询结果

【任务4】查询中的排序

在"图书管理.accdb"数据库中，使用设计视图创建一个名为"QD1"的查询。显示价格最高的5本图书，要求显示图书名称和图书价格两个字段的内容，部分查询结果如图3-17所示。

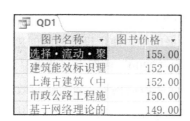

图 3-17　QD1 的查询结果

【任务 5】查询中的统计计算

1. 在"图书管理.accdb"数据库中，使用设计视图创建一个名为"QE1"的查询。统计所有在校读者的人数，要求显示人数字段的内容，部分查询结果如图3-18所示（提示：使用读者编号统计人数）。

2. 在"图书管理.accdb"数据库中，使用设计视图创建一个名为"QE2"的查询。统计不同类别的读者人数，要求显示读者类别和人数字段的内容，部分查询结果如图3-19所示（提示：使用读者编号统计人数）。

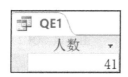

图 3-18　QE1 的查询结果　　　　　图 3-19　QE2 的查询结果

3. 在"图书管理.accdb"数据库中，使用设计视图创建一个名为"QE3"的查询。统计不同出版社图书价格的平均值，要求显示出版社、平均价格（使用函数四舍五入后保留2位小数）字段的内容，部分查询结果如图3-20所示。

4. 在"图书管理.accdb"数据库中，使用设计视图创建一个名为"QE4"的查询。在校读者中统计各院系中读者人数超过10人的院系，要求显示所属院系和人数字段的内容，部分查询结果如图3-21所示（提示：使用读者编号统计人数）。

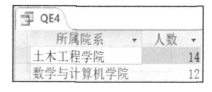

图 3-20　QE3 的查询结果　　　　　图 3-21　QE4 的查询结果

【实验操作】

【任务 1】用查询向导和设计视图创建查询

1. 用简单查询向导创建查询，查询的字段均来自"读者信息"表，因此应该以此表为数据源进行查询，操作步骤如下。

（1）打开"图书管理.accdb"数据库，选择"创建"选项卡的"查询向导"功能，此时会弹出"新建查询"对话框，如图3-22所示，在对话框中选

3-1　查询 QA1

择"简单查询向导"选项，打开"查询向导"的第一步，如图3-23所示。

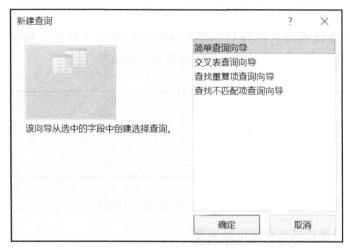

图 3-22　"新建查询"对话框

图 3-23　"简单查询向导"界面

（2）在"表/查询"下方的下拉菜单处选择读者信息表，然后在"可用字段"的下方选取读者编号字段，单击中间的">"按钮，此时该字段就会移动到"选定字段"下方。

（3）用相同的方法依次选取读者姓名、电话号码、照片和办证日期字段到"选定字段"下方后，单击"下一步"按钮。

（4）在"请为查询指定标题"的下方空格内输入"QA1"后单击"完成"按钮即可完成查询。

2. 用设计视图创建的查询"QA2"，所需的字段均来自"图书信息"表，因此应该以此表为数据源进行查询，查询步骤如下。

（1）打开"图书管理.accdb"数据库，选择"创建"选项卡下方的"查

3-2　查询 QA2

询设计"按钮，此时会首先弹出"选择数据源"窗口，选择"表"选项卡下面的"图书信息"表后，进入"查询设计视图"界面。

（2）在查询设计视图下的设计如图3-24所示，单击"保存"按钮，将查询命名为"QA2"，单击"运行"按钮运行查询就可以看到查询结果。

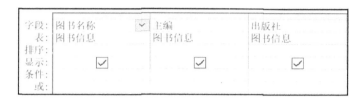

图 3-24　QA2 的查询设计视图

【任务 2】条件表达式在查询中的运用

3-3　查询 QB1

1. 以"QA1"为数据源创建查询"QB1"，因此以"QA1"为数据源创建查询，题目中要求的查询条件是没有照片，因此需要查找照片字段为空的记录。用设计视图创建查询步骤如下。

打开数据库→创建查询→添加数据源→添加题目所需字段→书写条件→保存查询→运行查询。

具体查询设计如图3-25所示。

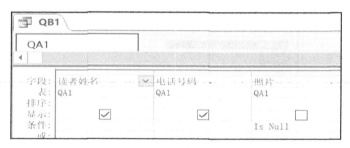

图 3-25　QB1 的查询设计视图

3-4　查询 QB2

2. 用设计视图创建的查询"QB2"，所需字段均来源于"读者信息"表，因此用该表作为查询数据源，查询条件是已毕业的读者，需要在"读者类别"字段下书写条件，具体查询设计如图3-26所示。

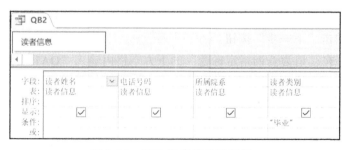

图 3-26　QB2 的查询设计视图

3. 用设计视图创建的查询"QB3"，查询所需字段来自"读者信息"表，因此采用此表作为该查询的数据源，查询的条件是不能借书的读者，因此需要查找的是状态字段为假的记录，具体查询设计如图3-27所示。

3-5 查询 QB3

图 3-27 QB3 的查询设计视图

4. 用设计视图创建的查询"QB4"，查询所需字段均来自"图书信息"表，因此采用此表作为查询的数据源，查询的条件为图书价格大于等于85且小于等于120元的记录，可用两种方式表示："Between 85 and 120"或者">=85 and <=120"，具体查询设计如图3-28所示。

3-6 查询 QB4

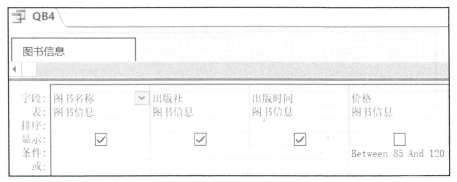

图 3-28 QB4 的查询设计视图

5. 用设计视图创建的查询"QB5"，查询所需字段均来自"图书信息"表，因此采用此表作为查询的数据源，查询条件是采购日期小于2019年1月10日的记录，具体查询设计如图3-29所示。

3-7 查询 QB5

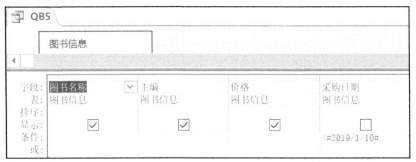

图 3-29 QB5 的查询设计视图

3-8 查询 QB6

6. 用设计视图创建的查询"QB6"，查询所需字段均来自"图书信息"表，因此采用此表作为查询的数据源，查询条件是图书名称内有"古建筑"这3个字的记录，可以用模糊查询完成，具体查询设计如图3-30所示。

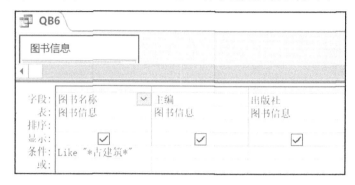

图 3-30　QB6 的查询设计视图

3-9 查询 QB7

7. 用设计视图创建的查询"QB7"，查询所需字段均来自"图书信息"表，因此采用此表作为查询的数据源，查询条件有2个且是"或者"的关系，条件可以写在同一行用"or"连接，也可以写在不同的行，具体查询设计如图3-31所示。

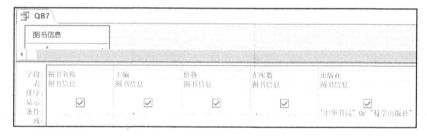

图 3-31　QB7 的查询设计视图

3-10 查询 QB8

8. 用设计视图创建的查询"QB8"，查询所需字段均来自"图书信息"表，因此采用此表作为查询的数据源，查询有2个条件，分别属于不同字段且是并列存在的，因此需写在同一行上，具体查询设计如图3-32所示。

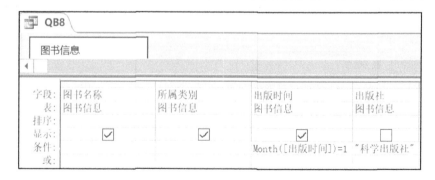

图 3-32　QB8 的查询设计视图

9. 用设计视图创建的查询"QB9"，查询所需字段均来自"读者信息"表，因此采用此表作为查询的数据源，查询中有3个条件，它们的关系如下：

（所属院系="外国语学院"or 所属院系="土木工程学院"）and 读者类别="毕业"

3-11 查询QB9

具体查询设计如图3-33所示。（思考一下还有没有其他的书写方式？）

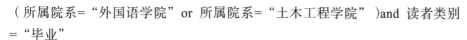

图 3-33　QB9 的查询设计视图

10. 用设计视图创建的查询"QB10"，查询所需字段均来自"读者信息"表，因此采用此表作为查询的数据源，查询的条件有3个，它们的关系如下：

所属院系<>"土木工程学院"and 姓名Not like"王*"And Len（读者姓名）=2

3-12 查询QB10

具体查询设计如图3-34所示。（思考一下表达式还可以怎么写？）

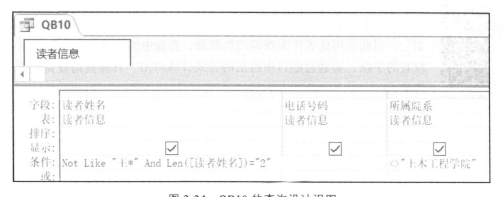

图 3-34　QB10 的查询设计视图

【任务3】通过查询产生新的字段和重命名字段

1. 用设计视图创建的查询"QC1"，查询所需字段均来自"图书信息"表，因此采用此表作为查询的数据源，查询结果中"采购年份"字段表内没有，但可以通过表内已有的采购日期用year（）函数计算得到，具体查询设计如图3-35所示。

3-13 查询QC1

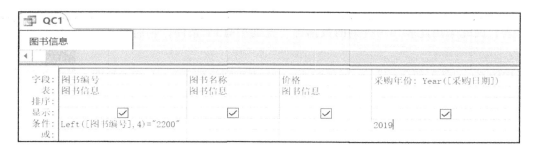

图 3-35　QC1 的查询设计视图

3-14　查询 QC2

2. 用设计视图创建的查询"QC2"，查询所需字段均来自"借阅表"，因此采用此表作为查询的数据源，查询结果中的"借书天数"是原表内没有的字段，需要通过题目中提供的公式计算得到，具体查询设计如图3-36所示。

图 3-36　QC2 的查询设计视图

3-15　查询 QC3

3. 用设计视图创建的查询"QC3"，查询所需字段均来自"借阅表"，因此采用此表作为查询的数据源，查询中的"已借天数"是原表内没有的字段，需通过题目中给出的公式计算得出，具体查询设计如图3-37所示。

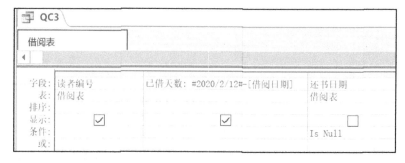

图 3-37　QC3 的查询设计视图

3-16　查询 QC4

4. 用设计视图创建的查询"QC4"，查询所需的字段均需要通过"读者信息"表内现有的字段计算得到，因此采用"读者信息"表作为查询的数据源，"读者情况"字段直接通过表达式"读者姓名&电话号码"

得到，而读者院系就是所属院系字段，只需要修改查询结果的字段名即可得到，具体查询设计如图3-38所示。

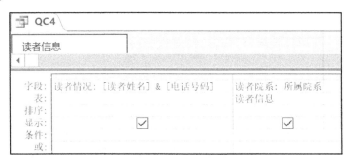

图 3-38　QC4 的查询设计视图

【任务 4】查询中的排序

用设计视图创建的查询"QD1"，查询所需的字段来自"图书信息"表，因此采用此表作为查询的数据源，查询中需要显示价格最高的5本图书，则需要先对查询结果按降序排列，显示前5条记录，具体查询设计如图3-39所示。

3-17　查询 QD1

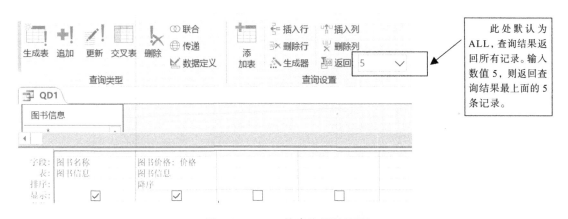

此处默认为ALL，查询结果返回所有记录。输入数值 5，则返回查询结果最上面的 5 条记录。

图 3-39　QD1 的查询设计视图

【任务 5】查询中的统计计算

1. 用设计视图创建查询"QE1"，统计在校读者的人数，需要使用"读者信息"表内的记录进行统计，因此采用此表作为数据源创建查询，查询先按其条件找出在校读者，就是读者类别的值为"在校"的记录，再对找到的记录进行计数运算，具体查询设计如图3-40所示。（思考一下是否还有其他方法来完成这个查询？）

3-18　查询 QE1

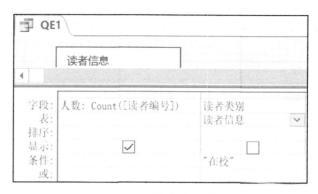

图 3-40 QE1 的查询设计视图

3-19 查询 QE2

2. 用设计视图创建查询"QE2"，完成分类统计工作，按照"读者类别"进行分类，再按照不同类别计数，查询所需的数据源是"读者信息"表，添加数据源后，单击"设计"选项卡的"显示/隐藏"组上的"∑汇总"按钮，在设计网格区会多出"总计"行，在"读者类别"字段的"总计"行内选择"Group By"，表示该字段为分类字段，而读者编号的"总计"行内选择计数，表示count([读者编号])，具体查询设计如图3-41所示。

图 3-41 QE2 的查询设计视图

3-20 查询 QE3

3. 用设计视图创建查询"QE3"，完成分类统计工作，分析得知先要按出版社分类，然后求价格的平均值，最后用round()函数对该平均值保留两位小数，查询所需的数据源应该是"图书信息"表，先添加数据源，然后单击"设计"选项卡的"显示/隐藏"组上的"∑汇总"按钮，具体查询设计如图3-42所示。

4. 用设计视图创建查询"QE4"，完成分类统计工作，分析得知先要进行条件筛选出在校生，然后对所属院系进行分类，再统计每个类别的人数，最后对人数进行条件筛选，大于10人的记录才能被显示出来。查询所需的数据源应该是"读者信息"表，先添加数据源，然后单击"设计"

3-21 查询 QE4

选项卡的"显示/隐藏"组上的"∑汇总"按钮，具体查询设计如图3-43所示。

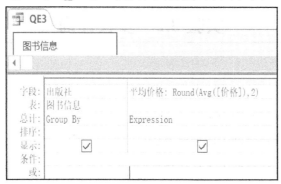

图 3-42　QE3 的查询设计视图

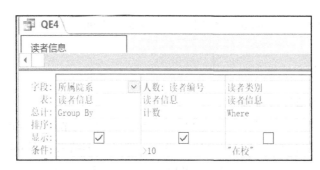

图 3-43　QE4 的查询设计视图

【扩展练习】

1. 打开sample数据库，创建一个查询SQT1，查找人数为20的班级，并显示班级编号和班级人数，要求使用"姓名"字段统计人数。（说明："学号"字段的前8位为班级编号）

2. 在sample数据库，创建一个查询SQT2，统计成绩最高分和成绩最低分以及它们之间的差，查询结果显示最高分、最低分、差。

3-22　3.1 扩展练习

3. 在sample数据库，创建一个查询SQT3，查找星座是金牛座的教师，显示教师姓名、出生日期和职称字段的内容。（说明：金牛座是4月20日至5月20日）

【课后思考】

1. 单表查询中最核心的内容就是查询条件的书写，而条件的书写格式并不是唯一的，思考一下有哪些常见的格式不同但结果却相同的查询条件书写方式？

2. 通过学习本课后，请你用现有的"图书管理.accdb"数据库来提出一些查询的问题，看是否能用学过的方法解决它们呢？

3. 打开已经保存了的查询，看看与之前的设计是否相同？说说哪些题目的查询设计保存后发生了改变，这样的改变能看懂吗？

实验 3.2　多表查询

0-4　实验 3.2 数据包

【实验目的】

1. 了解多张表在选择查询中表的选取方法；
2. 掌握多张表在选择查询中的创建方法；
3. 理解多张表在选择查询中多种连接方式。

【实验内容】

打开已有的“图书管理 accdb”数据库，完成如下查询的创建。

一、基础练习

【任务 1】多表等值连接查询

1. 用查询向导创建一个查询“MQA1”，查询读者借阅情况，查询结果要求显示读者姓名、图书名称、出版社和电话号码字段的内容，部分查询结果如图3-44所示。

2. 用查询设计视图创建一个查询“MQA2”，查询到2020年2月12日为止未还书的读者已借书的天数，查询结果要求显示读者姓名和借书天数字段的内容，部分查询结果如图3-45所示。

MQA1

读者姓名	图书名称	出版社	电话号码
胡莎芸	海南・香港・	中国建筑工业	13487636690
胡莎芸	建筑能效标识	中国建筑工业	13487636690
刘浪	高等级公路环	中国建筑工业	15366691345
刘浪	天津 河北古建	中国建筑工业	15366691345
刘浪	关键路径法在	中国建筑工业	15366691345
刘浪	理解花园设计	中国建筑工业	15366691345

图 3-44　MQA1 的查询结果

MQA2

读者姓名	借书天数
刘浪	94
匡林	78
刘浪	80
李成坤	69
王飞	68
蓝楠	51
王俊	49
王飞	87

图 3-45　MQA2 的查询结果

3. 用查询设计视图创建一个查询“MQA3”，统计“土木工程学院”每个班级学生借书的次数，结果显示班级号、次数字段的内容，如图3-46所示。（说明：班级号来源于读者编号的第6，7位）

MQA3

班级号	次数
11	19
20	1
41	3

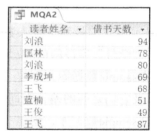

图 3-46　MQA3 的查询结果

【任务2】不匹配查询

1. 用查询向导查询没有借过书的读者信息，查询命名为"MQB1"，结果显示读者姓名、电话号码字段的内容。

2. 用查询设计视图创建一个查询"MQB2"，查询没有被借过的图书，结果显示图书名称和在库数字段的内容。

二、提升练习

1. 创建查询"tg1"，查询已还书的读者超期罚款的金额，查询结果显示读者姓名、借书天数和罚款金额字段的内容。（说明：借书天数=还书日期借阅日期，规定借书天数不能超过70天，否则按一天0.5元进行罚款。）

2. 创建查询"tg2"，统计每个书库从未被借出图书的数量，查询结果显示书库名称和数量字段的内容。

【实验操作】
【任务1】多表等值连接查询

1. 用查询向导创建一个查询，查询结果的字段分别来自"读者信息"表和"图书信息"表，但这两张表并没有直接的关系，因此需要使用到"借阅表"为这两张表搭个"桥"建立连接。使用向导创建多表查询时，需要为多张表建立关系。打开"数据库工具"选项卡中的"关系"功能，将"读者信息"表、"图书信息"表和"借阅表"添加到关系里，并为它们建立关系并保存；然后打开"简单查询向导"界面（图3-47），与单表查询一样先选择不同的表，在每个表内选择查询所需的字段，单击"下一步"按钮后进入简单查询的第二步（图3-48），与单表查询不一样的是多了个步骤选择查询的方式是"明细"还是"汇总"，若只需要显示具体的记录可以选择"明细"，若需要统计汇总就选择"汇总"。本题只需要显示记录，因此选择第一个选项，单击"下一步"按钮，输入查询的名称"MQA1"。

3-23　查询MQA1

2. 用设计视图创建一个查询，根据分析查询所需字段来自"读者信息"表和"借阅表"，这两张表有相同字段"读者编号"，可以直接建立关系，建立关系后查询设计如图3-49所示。

3-24　查询MQA2

3. 用设计视图创建一个查询，据分析可知查询所需字段来自"读者信息"表和"借阅表"，这两张表有相同字段"读者编号"，可以直接建立关系，查询时需要注意的是班级号由"读者编号"字段得到，而"读者编号"在两张表内都有，因此需要在该字段前加上表的名称，由于"读者

3-25　查询MQA3

信息"表和"借阅表"建立的是等值连接，所以采用两张表的任何一张表名均可，具体查询设计如图3-50所示。

图 3-47　"简单查询向导"界面 1

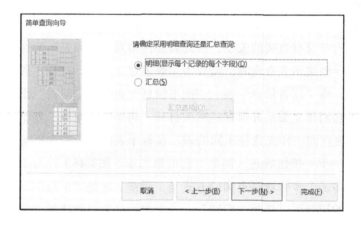

图 3-48　"简单查询向导"界面 2

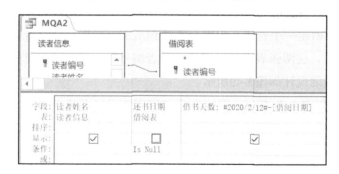

图 3-49　MQA2 的查询设计视图

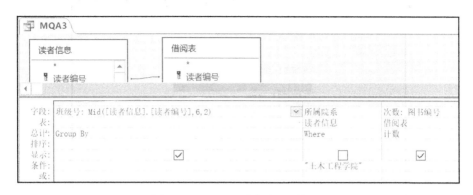

图 3-50　MQA3 的查询设计视图

【任务 2】不匹配查询

1. 根据题目分析要查询的内容来自"读者信息"表内记录,是与"借阅表"不匹配的记录,换句话说就是"读者信息"表里有部分记录不能跟"借阅表"里的记录建立等值连接的那部分记录,如图3-51所示。

3-26　查询 MQB1

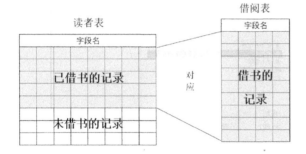

图 3-51　两张表建立连接示意图

利用不匹配查询向导很容易得到这些记录,具体步骤如下。

(1)打开数据库后,在"创建"选项卡中的"查询"组内选择"查询向导"命令,在弹出的对话框里选择"查找不匹配项查询向导"选项,进入向导的第一步选取查询结果所在的表格,如图3-52所示,通过分析我们知道此处应该选择"读者信息"表,因为未借书的记录在读者表里。

(2)单击"下一步"按钮后进入向导的第二步,选取查询比较的表格,通过分析此处应该选择"借阅表",如图3-53所示。

(3)单击"下一步"按钮后进入向导的第三步,建立表间的连接,因为需要使用到两张表进行比较,所以需要对这两张表建立一个连接,"读者编号"是两张表匹配的字段,因此在左右两边分别选取"读者编号",然后单击中间的"<=>"后在匹配字段后面的框里就会出现:"读者编号<=>读者编号"的表达式,如图3-54所示。

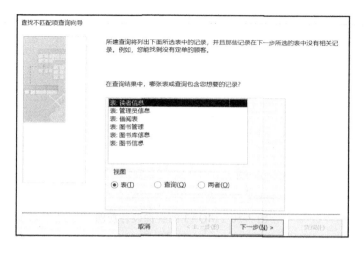

图 3-52　查找不匹配项查询向导 1

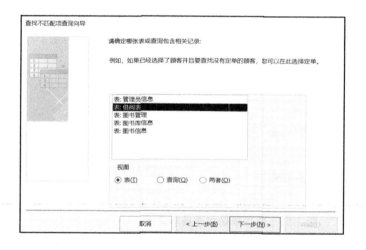

图 3-53　查找不匹配项查询向导 2

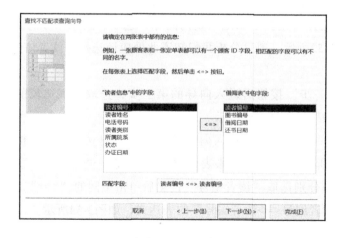

图 3-54　查找不匹配项查询向导 3

（4）单击"下一步"按钮后进入向导的第四步，选择输出字段，此时界面上出现的是第一步选取表格的所有字段，根据题意选择读者姓名和电话号码，如图3-55所示。

（5）单击"下一步"按钮后进入向导的最后一步，在"请指定查询名称"下方的框内填上查询的名称"MQB1"，即可完成查询设计。单击"完成"按钮就可以查看查询结果。

2. 根据题目分析要查询的数据来自"图书信息"表内记录，是"图书信息"表与"借阅表"不匹配的记录，用设计视图建立连接时不能直接建立等值连接，因为建立等值连接后的表内没有这些不匹配记录，因此在操作时先将两张表添加到查询里后，找到两张表中相匹配的字段"图书编号"。将两张表中的"图书编号"拉一根线，然后右击该线，在弹出的右键菜单内选择"连接属性"命令，弹出"连接属性"对话框，如图3-56所示，对话框下方有3个选项，默认是等值连接，此时需要寻找的是图书表内的没有被借过的图书，因此选择"3"选项后单击"确定"按钮，就完成了查询数据源的操作，具体查询设计如图3-57所示。

3-27　查询 MQB2

图 3-55　查找不匹配项查询向导 4

图 3-56　连接属性设置

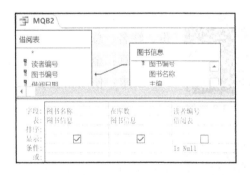

图 3-57　MQB2 的查询设计视图

二、提升练习

1.

3-28 查询 tg1

2.

3-29 查询 tg2

3-30 3.2 扩展
练习查询 SQT1

3-31 3.2 扩展
练习查询 SQT2

3-32 3.2 扩展
练习查询 SQT3

3-33 3.2 扩展
练习查询 SQT4

【扩展练习】

打开sample数据库，完成以下查询。

1. 创建一个查询，查找7月出生的雇员，并显示姓名、图书名称、数量字段的内容，所建查询名为"SQT1"。

2. 创建一个查询，计算每名雇员的奖金，并显示姓名、奖金额字段的内容，所建查询名为"SQT2"。

注意：奖金额=每名雇员的销售金额合计数×0.08，销售金额=数量×售出单价。

要求：使用相关函数实现奖金额按2位小数显示。

3. 创建一个查询，统计并显示该公司没有销售业绩的雇员人数，显示标题为"没有销售业绩的雇员人数"，所建查询名为"SQT3"。要求：使用关联表的主键或外键进行相关统计操作。

4. 创建一个查询，计算并显示每名雇员各月售书的总金额，显示月份、姓名、总金额字段的内容，所建查询名为"SQT4"。

注意：金额=数量×售出单价。

要求：使用相关函数，使计算出的总金额按整数显示。

【课后思考】

1. 打开查询MQB1和MQB2，看看用不同方式设计的不匹配查询是否相同？思考一下能否用SQL查询完成不匹配查询呢？

2. 想一想多表查询与单表查询的区别在什么地方？

实验 3.3　参数、交叉表和操作查询

【实验目的】

1. 了解用查询的分类；
2. 掌握参数查询的设计方法；
3. 掌握交叉表查询的设计方法；
4. 掌握操作查询的设计方法。

【实验内容】

【任务 1】参数查询

1. 在"图书管理.accdb"数据库中，创建名为"TQA1"的查询，要求通过输入读者姓名查询读者借书情况，运行结果显示读者姓名、借阅日期、还书日期和图书名称字段的内容，运行查询时屏幕上给出的提示信息为"请输入读者姓名："。

2. 在"图书管理.accdb"数据库中，创建名为"TQA2"的查询，要求通过输入读者姓氏查询读者借书情况，运行结果显示读者姓名、借阅日期、还书日期和图书名称字段的内容，运行查询时屏幕上给出的提示信息为"请输入读者姓氏："。

3. 在"图书管理.accdb"数据库中，创建名为"TQA3"的查询，要求通过输入价格的区间查询该区间内的图书，运行结果按价格升序显示图书名称和价格字段的内容，运行查询时屏幕上先给的提示为"请输入价格的下限："然后提示"请输入价格的上限："。

【任务 2】交叉表查询

1. 在"图书管理.accdb"数据库中，创建名为"TQB1"的交叉表查询，统计每个出版社各种类型图书价格的平均值，其中行标题是出版社，列标题是所属类别，需要显示各行小计。

2. 在"图书管理.accdb"数据库中，创建名为"TQB2"的交叉表查询，统计每个出版社每年采购的图书数量，其中行标题为出版社，列标题为采购年份，图书数量用图书编号计数。

3. 在"图书管理.accdb"数据库中，创建名为"TQB3"的交叉表查询，查询不同类别的读者借阅的各个出版社的图书平均单价，结果如图3-58所示。

注意：用int函数实现平均值的四舍五入取整。

TQB3 读者类别	中华书局	中国建筑工业出版社	科学出版社
在校	42	84	60
校外		97	111
毕业		100	

图 3-58　TQB3 的查询结果

【任务 3】操作查询之生成表查询

1. 在"图书管理.accdb"数据库中，创建名为"TQC1"的查询，查询每个学生借书的情况，并将结果以"借书情况"的表名存储在数据库中，该表内包含读者编号、读者姓名、电话号码、状态、图书名称、主编、出版社和在库数字段。

2. 将"借书情况"表内的前3列字段生成一张新表"stu"并为该表设置主键为"读者编号"，查询命名为"TQC2"。

【任务 4】操作查询之删除查询

在"图书管理.accdb"数据库中，创建名为"TQD1"的查询，删除管理员信息表内年龄为奇数的管理员。

【任务 5】操作查询之追加查询

在"图书管理.accdb"数据库中，创建名为"TQE1"的查询，找出已还书的读者中借书天数超出60天（不含60天）的读者，将这些记录存放到已有的"超期读者"表内。（借书天数=还书日期−借阅日期）

【任务 6】操作查询之更新查询

1. 在"图书管理.accdb"数据库中，创建名为"TQF1"的查询，将2018年以前出版的图书的价格降低5%。

2. 在"图书管理.accdb"数据库中，创建名为"TQF2"的查询，在"超期读者"表内增加一个字段"罚款金额"，为单精度。若读者借书超出60天后，每天按0.5元计算，计算出罚款金额并填写到超期读者的"罚款金额"字段内。

3. 在"图书管理.accdb"数据库中，创建名为"TQF3"的查询，将"管理员信息"表中管理员账号为"0002"的管理员的年龄字段的值，添加到密码字段内原来内容的后面。

4. 在"图书管理.accdb"数据库中，创建名为"TQF4"的查询，将"图书库信息"表内书库名称字段修改为书库类别编码的前两位和原书库名称从第3位开始的后面文字的组合。如书库类别编码是"lk001"，书库名称为"理科库1"，更新后为"lk库1"。

5. 在"图书管理.accdb"数据库中，创建名为"TQF5"的查询，将"读者信息"表内校外的读者的状态的勾去掉，并将这些读者的"办证日期"字段内所有数据清除掉。

【实验操作】

【任务 1】参数查询

1. 根据题意得知该查询为参数查询，所需数据表有"读者信息"表、"借阅表"和"图书信息"表，具体查询设计如图3-59所示。

3-34 查询 TQA1

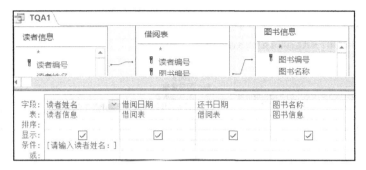

图 3-59　TQA1 的查询设计视图

2. 根据题意得知该查询为参数查询，所需数据表有 "读者信息"
表、"借阅表" 和 "图书信息" 表，具体查询设计如图3-60所示。

3-35　查询 TQA2

图 3-60　TQA2 的查询设计视图

3. 根据题意得知该查询为参数查询，所需数据表有 "图书信息" 表，具体查询设计
如图3-61所示。

3-36　查询 TQA3

图 3-61　TQA3 的查询设计视图

【任务 2】交叉表查询

1. 根据题意需要用交叉表向导完成该查询，单击 "创建" 选项卡中
的 "查询向导" 按钮，在弹出的对话框中选择 "交叉表查询向导" 选项，
进入 "交叉表查询向导" 的第一步，选择 "图书信息" 表作为数据源，如
图3-62所示。

3-37　查询 TQB1

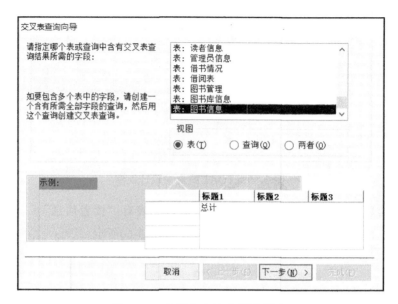

图 3-62 交叉表查询向导选择表

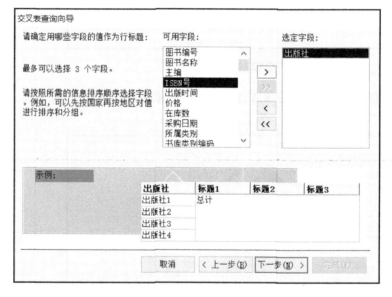

图 3-63 交叉表查询向导选择行标题

（1）单击"下一步"按钮，进入第二步行标题的选择，选择"出版社"作为行标题，如图3-63所示。

（2）单击"下一步"按钮，进入第三步列标题的选择，选择"所属类别"作为列标题，如图3-64所示。

（3）单击"下一步"按钮，进入第四步值的选择，选择"价格"字段，函数下面选择"Avg"，将"是，包括各行小计"前面的勾选上，如图3-65所示。

（4）单击"下一步"按钮，进入向导的最后一步，输入查询的名称为"TQB1"。

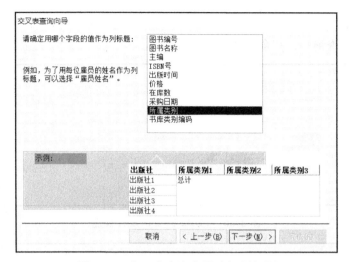

图 3-64　交叉表查询向导选择列标题

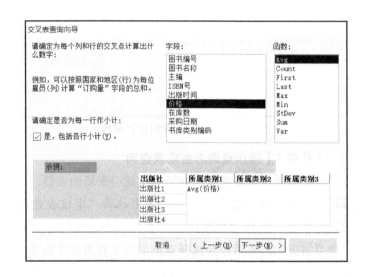

图 3-65　交叉表查询向导选择值

2. 根据题意查询所需数据源为"图书信息"表，分类字段为"出版社"和"采购年份"，计算字段为"图书编号"，计算方法为"计数"，其中采购年份可以通过表内的采购日期取年份计算得到，可以使用表达式：year（采购日期）计算。因为是交叉表查询，所以在创建查询后，首先需要将查询类型更改为"交叉表查询"，其余具体设计如图3-66所示。

3-38　查询 TQB2

3. 根据题意查询所需数据源为"读者信息"表、"借阅表"和"图书信息"表，分类字段分别为"读者类别"和"出版社"，根据结果可以得知"读者类别"为行标题，"出版社"为列标题，价格的平均值为"值"，由于题目中要求用int函数实现四舍五入的功能，可以用int（x+0.5）的办法实现，而计算时需要先算出平均值再算取整，因此需要将

3-39　查询 TQB3

Avg函数写到字段处，而下方总计栏内就只能选择"Expression"，创建查询后先将查询类别更改为"交叉表查询"，其余设计如图3-67所示。

图 3-66　TQB2 的查询设计视图

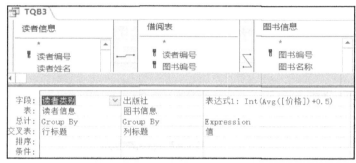

图 3-67　TQB3 的查询设计视图

【任务 3】操作查询之生成表查询

1. 根据题意需要将查询结果生成一张新的表格，则应该使用生成表查询。创建完查询后先将查询类型更改为"生成表查询"，弹出"生成表"对话框，在该对话框内的"表名称"处填写题目上要求的新表名称"借书情况"，然后按照选择查询的方法将所有字段添加进去完成查询，保存查询的名称为"TQC1"后，运行查询，会发现数据库内有"借书情况"产生。

2. 根据题意是生成表查询。按照上题的方式创建生成表查询，将表内的3个字段添加到查询设计器中，切换视图后发现有大量的重复记录，需要想办法去掉这些重复记录，单击"设计"选项卡中"Σ"按钮，将所有字段分类的方式去掉重复字段，然后保存并运行查询，生成一张新表"stu"，以设计视图的方式打开该表，选择"读者编号"字段为主键。具体设计如图3-68所示。

【任务 4】操作查询之删除查询

根据题意需要删除表内的记录是删除查询。创建查询后添加需要删除记录的表作为数据源，更改查询类型为"删除查询"后，详细查询设计如图3-69所示，保存并运行查询后，表内记录被删除。

3-40　查询 TQC1

3-41　查询 TQC2

3-42　查询 TQD1

图 3-68　TQC2 的查询设计视图

图 3-69　TQD1 的查询设计视图

【任务 5】操作查询之追加查询

　　根据题意需要向已有的"超期读者"表内增加记录，因此是追加查询，创建查询后添加数据源"读者信息"表、"借阅表"和"图书信息"表并为之建立关系，更改查询类型为"追加查询"，弹出"追加"对话框，在该对话框的"追加到表名称"下拉列表框中选择"超期读者"表，单击"确定"按钮关闭该对话框，具体设计如图3-70所示，保存并运行后"超期读者"表内有记录新增。

3-43　查询 TQE1

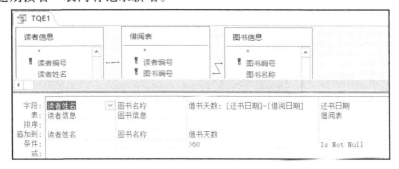

图 3-70　TQE1 的查询设计视图

【任务 6】操作查询之更新查询

1. 根据题意需要修改"图书价格"字段内的数据，因此是更新查询。创建查询后，添加需要修改字段所在的表作为查询的数据源，这里为

3-44　查询 TQF1

"图书信息"表，修改查询类型为"更新查询"，具体设计如图3-71所示，保存并运行查询后，打开"图书信息"表，发现2018年以前出版的图书价格发生了变化。

图 3-71　TQF1 的查询设计视图　　　图 3-72　TQF2 的查询设计视图

3-45　查询 TQF2

3-46　查询 TQF3

　　2. 根据题意需要在"罚款金额"字段内填入数据，属于更新查询。先用设计视图打开"超期读者"表，添加"罚款金额"字段并修改其字段类型为"数字"，字段大小为"单精度"，创建查询添加"超期读者"表为数据源，具体设计如图3-72所示，保存并运行查询后，打开"超期读者"表，可以看到"罚款金额"字段内已经填上了数据。

　　3. 根据题意得知需要修改密码字段的内容，因此是更新查询。创建查询后，先修改查询类型为"更新查询"，再将"管理员信息"表作为数据源放入查询设计器内，具体设计如图3-73所示，保存并运行查询后，"管理员信息"表内"0002"的密码字段的记录发生了变化。

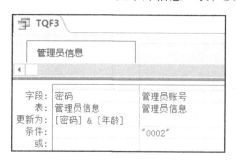

3-47　查询 TQF4

　　4. 根据题意需要修改书库名称字段，因此是更新查询。创建查询后，先将查询类型修改为"更新查询"，再将"图书库信息"表作为数据源放入查询设计器内，具体设计如图3-74所示，保存并运行查询后，打开"图书库信息"表，发现"书库名称"字段内的内容已经改变。

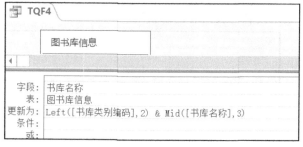

图 3-73　TQF3 的查询设计视图　　　图 3-74　TQF4 的查询设计视图

3-48　查询 TQF5

　　5. 根据题意需要修改"状态"字段的内容和"办证日期"字段的内容，因此是更新查询。创建查询后，先更改查询类型为"更新查询"，再将需要修改的表"读者信息"作为数据源放入查询设计器中，将"状态"字段的勾去掉就相当于将该字段的值设置为False，而将"办证日期"字段内的数据清除就相当于清空该字段的值，具体设计如图3-75所示，保存运行查询后，打开"读者信息"表，发现表内校外读者的相关数据发生了变化。

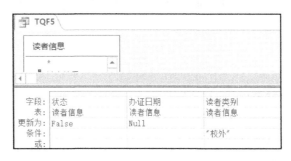

图 3-75　TQF5 的查询设计视图

【扩展练习】

有一个数据库文件"s2.accdb"，里面已经设计好两个表对象"tA"和"tB"。请按以下要求完成设计。

1. 创建一个查询，查找并显示所有客人的"姓名""房间号""电话"和"入住日期"4个字段内容，将查询命名为"qT1"。

2. 创建一个查询，能够在客人结账时根据客人的姓名统计这个客人已住天数和应交金额，并显示"姓名""房间号""已住天数"和"应交金额"的信息，将查询命名为"qT2"。

注意：输入姓名时应提示"请输入姓名："

应交金额＝已住天数×价格。

3. 创建一个查询，查找"身份证"字段第4位至第6位值为"102"的纪录，并显示"姓名""入住日期"和"价格"3个字段的内容，将查询命名为"qT3"。

4. 以表对象"tB"为数据源创建一个交叉表查询，使用房间号统计并显示每栋楼的各类房间个数。行标题为"楼号"，列标题为"房间类别"，所建查询命名为"qT4"。

注意：房间号的前两位为楼号。

【课后思考】

1. 想一想参数查询与选择查询有什么不同的地方？

2. 交叉表查询与查询中的汇总运算的查询有何不同之处？

3. 操作查询中的查询是否都需要运行？如果不运行是否可以呢？

4. 删除查询和更新查询运行后能否撤销删除或更新的操作呢？

3-49　3.3 扩展
练习查询 1qT1

3-50　3.3 扩展
练习查询 1qT2

3-51　3.3 扩展
练习查询 1qT3

3-52　3.3 扩展
练习查询 1qT4

实验 3.4 SQL 查询

【实验目的】

1. 了解SQL语句的分类；
2. 掌握SQL语句的数据定义功能；
3. 掌握SQL语句的数据查询功能；
4. 掌握SQL语句的数据操纵功能。

【实验内容】

以下所有查询均在"图书管理.accdb"数据库中完成。

【任务1】用SQL语句创建表

创建"员工"表，表结构为工号（CHAR（10））、姓名（CHAR（8））、出生日期（DATE）、性别（CHAR（1））、简历（MEMO）、年龄（INT），要求设置工号为主键，姓名非空。

【任务2】用SQL语句修改表结构

1. 在"员工"表中增加一个"籍贯"字段，类型为"字符型"，字段长度为"10"。
2. 在"员工"表中将工号字段的字段宽度改为15个字符。
3. 将"员工"表中年龄字段删除。

【任务3】用SQL语句删除表

复制"员工"表为"员工备份"表，然后删除"员工备份"表。

【任务4】用SQL语句创建查询

1. 查询"读者信息"表内所有信息。
2. 查询"读者信息"表内所有外国语学院的毕业生，并显示读者姓名、电话号码字段的内容。
3. 查询"图书信息"表内价格在80到100元的图书（含80元和100元），并显示图书名称、价格字段的内容。
4. 查询"中华书局"和"科学出版社"2018年出版的图书，显示图书名称、价格字段的内容，按价格升序排列。
5. 查询每位读者借书情况，显示读者姓名、图书名称、借阅日期、还书日期字段的内容。（联合查询）
6. 统计每个院系读者人数，显示所属院系和人数字段的内容。
7. 统计每个出版社价格平均值，对平均值四舍五入保留两位小数，显示出版社和平均价格字段的内容。
8. 在"图书信息"表内查询2018年出版的超过5本图书的出版社，显示出版社和出版册数字段的内容。

9. 查找与"王飞"是同一院系的所有学生，显示读者姓名和电话号码。（嵌套查询）

10. 查询与"刘浪"借过相同书籍的学生，显示读者姓名字段的内容。

【任务 5】用 SQL 语句实现追加记录

向"员工"表内追加如下记录：

P0001	张晓燕	1989-1-15	女

【任务 6】用 SQL 语句实现修改记录

1. 在"图书信息"表内将图书编号为"22001419378"的图书在库数减少2。

2. 在"图书信息"表内将2016年（不包含2016年）以前采购的图书价格减少5%。

3. 在"图书信息"表内将《玉论》这本书的图书的主编清空。

【任务 7】用 SQL 语句实现删除记录

在"图书信息"表内删除图书名称为《寄生虫病影像学》的图书。

【实验操作】

【任务 1】用 SQL 语句创建表

创建一个查询，切换到SQL视图后，输入如下语句，运行后数据库内产生"员工"表。

Create table 员工（工号 char（10）primary key，

姓名 char（8）not null，

出生日期 date，性别 char（1），简历 memo，年龄 int）；

【任务 2】用 SQL 语句修改表结构

SQL语句如下。

1. Alter table 员工 add 籍贯 char（10）；

2. Alter table 员工 alter 工号 char（15）；

3. Alter table 员工 drop 年龄。

【任务 3】用 SQL 语句删除表

SQL语句如下。

DROP TABLE 员工备份；

【任务 4】用 SQL 语句创建查询

SQL语句如下：

1. SELECT * FROM 读者信息；

2. SELECT 读者姓名，电话号码 FROM 读者信息
   WHERE 读者信息.所属院系="外国语学院" AND 读者信息.读者类别="毕业"；

3. SELECT 图书名称，价格 FROM 图书信息
   WHERE 图书信息.价格 Between 80 And 100；

4. SELECT 图书名称，价格 FROM 图书信息
   WHERE 出版社="中华书局" Or 出版社="科学出版社" AND Year（出版时间）=2018

ORDER BY 价格；

5. SELECT 读者姓名，图书名称，借阅日期，还书日期
   FROM （读者信息 INNER JOIN 借阅表 ON 读者信息.读者编号=借阅表.读者编号）
   INNER JOIN 图书信息 ON 借阅表.图书编号 = 图书信息.图书编号；

6. SELECT 所属院系，Count（*） AS 人数 FROM 读者信息
   GROUP BY 所属院系；

7. SELECT 出版社，Round（Avg（价格），2） AS 平均价格 FROM 图书信息
   GROUP BY 图书信息.出版社；

8. SELECT 出版社，Count（*）AS 出版册数 FROM 图书信息
   WHERE Year（出版时间）=2018 GROUP BY 出版社
   HAVING Count（*）>5；

9. SELECT 读者姓名，电话号码 FROM 读者信息
   WHERE 所属院系=（select 所属院系 from 读者信息 where 读者姓名="王飞"）；

10. SELECT DISTINCT 读者姓名
    FROM 读者信息 INNER JOIN 借阅表 ON 读者信息.读者编号=借阅表.读者编号
    WHERE 图书编号 In （SELECT 图书编号 FROM 读者信息 INNER JOIN 借阅表
    ON 读者信息.读者编号=借阅表.读者编号 WHERE 读者姓名="刘浪"）；

【任务5】用SQL语句实现追加记录

SQL 语句如下。

INSERT INTO 员工（工号，姓名，出生日期，性别）

VALUES （"P0001"，"张晓燕"，#1989-1-15#，"女"）；

【任务6】用SQL语句实现修改记录

SQL语句如下。

1. UPDATE 图书信息
   SET 在库数=在库数-2
   WHERE 图书编号="22001419378"；

2. UPDATE 图书信息
   SET 价格=价格*（1-0.05）
   WHERE year（采购日期）<2016；

3. UPDATE 图书信息
   SET 主编=" "
   WHERE 图书名称="玉论"；

【任务7】用SQL语句实现删除记录

SQL语句如下。

DELETE FROM 图书信息

WHERE 图书名称="寄生虫病影像学"；

【课后思考】

1. 通过书写SQL查询语句体会查询的过程，比较在查询设计器内设计的查询与SQL语句设计的查询有何不同之处？

2. 用设计器生成的SQL语句有什么特点？

3. 联合查询可否用其他的方法得到？

第4章 界面设计

实验 4.1 窗体的设计

0-7 实验 4.1 数据包

【实验目的】

1. 理解窗体的概念、作用和窗体的组成；
2. 掌握创建Access窗体的方法；
3. 掌握窗体样式和属性的设置方法；
4. 掌握窗体中各个控件的使用和控件属性的设置。

【实验内容】

打开"图书管理.accdb"数据库，完成如下窗体的应用。

【任务 1】窗体的创建和属性的设置

1. 利用窗体设计器创建一个名为"form1"的窗体，运行界面如图4-1所示。窗体的标题显示为"欢迎界面"，将文件夹内的"图片1"放入窗体做背景，图片缩放模式为"拉伸"，取消窗体内的记录选择器、导航按钮和分隔线，边框样式为"细边框"，宽度为15 cm，将form1设置为重叠窗口显示。在距上边距4 cm、左边距3 cm处为窗体添加一个标签控件"Lab1"，标签显示"欢迎使用图书馆管理系统"，字体大小为26号，字体为黑体，颜色为黑色，加粗。

图 4-1 form1 的窗体视图

2. 创建一个"form2"的窗体，窗体的标题显示为"登录界面"，边框样式设置为"对话框边框"，取消最大最小化按钮，取消滚动条，取消记录选择器。完成后的窗体视图效果如图4-2所示。

图 4-2　form2 的窗体视图

（1）在窗体中显示窗体页眉，设置窗体页眉的高度为2 cm，背景色为"橙色，个性色6，淡色40%"。在窗体页眉中添加标签"Lab1"，标签显示为"图书管理系统登录界面"。标签的宽度为8 cm，高度为0.8 cm，上边距为0.5 cm，左边距为2.4 cm，字号为20。

（2）在该窗体合适的位置添加两个文本框，名字分别为txt2和txt3，文本框前面的标签名字分别为Lab2和Lab3，标题分别为"账号："和"密码："，设置合适的属性让txt3文本框内接收数据时以"*"号遮挡。

（3）在该窗体合适的位置添加两个按钮cmd1和cmd2，分别显示为"登录"和"取消"。

【任务2】窗体中控件的设置和使用

1．创建一个窗体form3，窗体的标题为"图书情况"，窗体的数据源设置为"图书信息"表，在窗体内添加6个文本框，设置其数据源为对应表格内的字段（如图书编号文本框内显示表内图书编号的记录内容）。窗体内"图书编号""图书名称"和"主编"的标签左边距0.6 cm，文本框左边距为2.6 cm，"价格""出版社"和"出版时间"的标签左边距7.6 cm，文本框左边距9.6 cm。设置第一行控件的上边距为1 cm，第二行控件的上边距为2.2 cm，第三行控件的上边距为3.4 cm。其中"出版时间"的文本框中的显示格式为"××××年××月"，运行界面如图4-3所示。

2．创建一个窗体form4，窗体的标题为"未还书的读者"，窗体数据源为查询"SQ1"，在主体上方合适的位置放置一个标签Lab1，标题为"未还书读者情况"，字号为26，下面放置两个文本框，记录源为查询"SQ1"中对应的字段。设置合适的属性让运行时界面上只显示"王飞"的记录（提示：设置筛选属性），运行界面如图4-4所示。

图 4-3　form3 的窗体视图

图 4-4　form4 的窗体视图

3．创建一个窗体form5，窗体的标题为"读者情况"，设置窗体数据源为"读者信息"，在窗体中合适的位置放入文本框，并设置相关属性实现运行时能直接显示职工的姓名、性别、年龄、办证年份、读者类别和状态的信息。"年龄"的文本框显示由"出生日期"计算得到；"状态"的文本框中，根据状态显示为"正常"或"异常"，运行界面如图4-5所示。

图 4-5　form5 的窗体视图

【实验操作】

【任务1】窗体的创建和属性的设置

1．考查窗体的创建以及对窗体属性的设置，具体的操作步骤如下。

（1）打开"图书管理.accdb"数据库，单击"创建"选项卡下"窗体"组中的"窗体设计"按钮。

（2）单击"设计"选项卡下"属性表"按钮，打开"属性表"窗口，如图4-6所示。

4-1　窗体 form1

（3）在"属性表"窗口中单击"格式"选项卡，单击"标题"属性，设置为"欢迎界面"；单击"图片"属性，单击嵌入图片按钮 图片 ⟨无⟩ ⌄ ⋯ ，选择插入的图片"图片1"，并单击"图片缩放模式"属性，设置为"拉伸"；单击"记录选择器""导航按钮"和"分割线"属性，均设置为"否"；单击"边框样式"属性，设置为"细边框"；单击"宽度"属性，设置为15。

（4）单击"文件"选项卡下的"选项"按钮，在弹出的"Access选项"中选择"当前数据库"，在右侧的选项中选择 ⦿ 重叠窗口(O) 。确定并关闭Access数据库，重新打开"图书管理.accdb"数据库。

图 4-6   "属性表"窗口

（5）单击"设计"选项卡下"控件"组中的"标签"控件，单击窗体适当位置，录入标签显示内容"欢迎使用图书馆管理系统"。

（6）单击窗体中的"标签"控件，在"属性表"窗口中单击"格式"选项卡，设置"上边距"属性值为4，设置"左"属性为3，设置"字号"属性的值为26，"字体"属性为"黑体"，"前景色"属性为"黑色"，"字体粗细"属性为"加粗"。

（7）在"属性表"窗口中单击"其他"选项卡，设置"名称"属性为"Lab1"。

（8）保存窗体，并命名为"form1"。

2. 考查在窗体中添加控件并设置控件的属性，操作步骤如下。

（1）打开"图书管理.accdb"数据库，单击"创建"选项卡下"窗体"组中的"窗体设计"按钮。

（2）单击"设计"选项卡下"属性表"按钮，打开"属性表"窗口。设置窗体的"标题"属性值为"登录界面"，"边框样式"属性值为"对话框边框"，"最大最小化按钮"属性值为"无"，"滚动条"属性为"两者均无"，"记录选择器"属性为"否"。

4-2   窗体 form2

（3）在"窗体"窗口的空白位置右击，选择"窗体页眉/页脚"命令，显示出窗体的页眉和页脚。选择窗体页眉，在"属性表"窗口中单击"格式"选项卡，设置"高度"属性值为2，"背景色"属性值为"橙色，个性色6，淡色40%"。

（4）单击"设计"选项卡下"控件"组中的"标签"控件，单击窗体适当位置，录入标签显示内容"图书管理系统登录界面"。单击窗体中的"标签"控件，在"属性表"窗口中单击"格式"选项卡，设置"上边距"属性值为0.5，设置"左"属性为2.4，设置"字号"属性的值为20，"宽度"为8，"高度"为0.8。在"属性表"窗口中单击"其他"选项卡，设置"名称"属性为"Lab1"。

（5）单击"设计"选项卡下"控件"组中的"文本框"控件，单击窗体适当位置，添加"文本框"控件和"标签"控件。单击"标签"控件，在"属性表"窗口的"全部"选项卡中，设置"标签"的"名称"为"Lab2"，"标题"为"账号："。单击"文本框"控件，在"属性表"窗口的"全部"选项卡中设置"名称"属性值为txt2。标签Lab3、txt3的设置和Lab2、txt2的设置类似，不再说明。单击txt3，在"属性表"窗口的"数据"选项卡中设置"输入掩码"属性中输入"密码"。

（6）单击"设计"选项卡"控件"组中的"命令按钮"控件，单击窗体适当位置添加按钮控件。在"属性表"窗口的"全部"选项卡中，设置"名称"属性值为"cmd1"，"标题"为"登录："。另一命令按钮的添加和设置相同，不再说明。

（7）将窗体保存，并命名为"form2"。

【任务 2】窗体中控件的设置和使用

1. 考查带数据绑定的控件设置，操作步骤如下。

（1)打开"图书管理.accdb"数据库，单击"创建"选项卡下"窗体"组中的"窗体设计"按钮。

4-3　窗体 form3

（2）单击"设计"选项卡下"属性表"按钮，打开"属性表"窗口，单击"数据"选项卡，设置"记录源"属性为"图书信息"。

（3）单击"设计"选项卡下"添加现有字段"按钮，打开"字段列表"窗口，如图4-7所示。将字段列表中的字段拖动到窗体的"主体"节的适当位置。

图 4-7　字段列表窗口

（4）选中窗体中的"图书编号""图书名称"和"主编"标签，在"属性表"窗口中"格式"选项中设置"左边距"属性值为0.6；选中窗体中的"图书编号""图书名称"和"主编"文本框，设置"左边距"属性值为2.6；选中窗体中的"价格""出版社"和"出版时间"标签，设置"左边距"属性值为7.6；选中窗体中的"价格""出版社"和"出版时间"文本框，设置"左边距"属性值为9.6。

（5）选中窗体中的第一行的所有控件，设置"上边距"属性为 1；其他行设置以此类推。

（6)单击"出版时间"文本框，在"属性表"窗口中"格式"选项中设置"格式"属性为"yyyy\年mm\月"。

（7）保存窗体，并命名为"form3"。

2. 考查窗体的记录源属性设置和筛选属性的设置，具体操作步骤如下。

4-4　窗体 form4

（1）打开"图书管理.accdb"数据库，单击"创建"选项卡下"窗体"组中的"窗体设计"按钮。

（2）单击"设计"选项卡下"属性表"按钮，打开"属性表"窗口，单击"数据"选项卡，设置"记录源"属性为"SQ1"。

（3）单击"设计"选项卡下"控件"组中的"标签"控件，单击窗体适当位置，录入标签显示内容"未还书读者情况"。在"属性表"窗口中设置"全部"选项卡下的"名称"属性为"Lab1"，"字号"属性为26。

（4）单击"设计"选项卡下"添加现有字段"按钮，打开"字段列表"窗口。将字段列表中的字段拖动到窗体的"主体"的适当位置。

（5）选中窗体，在"属性表"窗口中设置"数据"选项卡下的"筛选"属性为：[读者姓名]="王飞"，"加载时的筛选器"属性为"是"，如图4-8所示。

图 4-8　窗体的"筛选"属性设置

（6）切换窗体视图，并保存窗体，命名为"form4"。

3. 主要考查计算控件的设置，具体操作步骤如下。

4-5　窗体 form5

（1）打开"图书管理.accdb"数据库，单击"创建"选项卡下"窗体"组中的"窗体设计"按钮。

（2）单击"设计"选项卡下"属性表"按钮，打开"属性表"窗口，单击"数据"选项卡，设置"记录源"属性为"读者信息"；在"格式"选项卡下设置"标题"属性为"读者情况"。

（3）单击"设计"选项卡下"添加现有字段"按钮，打开"字段列表"窗口。将字段列表中的[读者姓名]、[性别]和[读者类别]字段拖动到窗体的适当位置，并将"读者姓名"的标签显示改为"姓名"。

（4）单击"设计"选项卡下"控件"组中的"文本框"控件，单击窗体适当位置，添加"文本框"控件和"标签"控件，并设置相应的标签显示为"年龄""办证年份"和

"状态"。在"年龄"文本框的"属性表"中，设置"数据"选项卡下的"控件来源"属性为：=year(date( ))-year([出生日期])；在"办证年份"文本框的"属性表"中，设置"数据"选项卡下的"控件来源"属性为：=year([办证日期])；在"状态"文本框的"属性表"中，设置"数据"选项卡下的"控件来源"属性为：=IIf（[状态],"正常","异常"），如图4-9所示。

（5）保存窗体，命名为"form5"。

图4-9　文本框的"控件来源"属性设置

【扩展练习】

4-6　4.1 扩展练习

1. 打开文件夹的数据库"samp1.accdb"，其中存在已经设计好的表对象"tAddr"和"tUser"，同时还有窗体对象"fEdit"和"fEuser"。请在此基础上按照以下要求补充"fEdit"窗体的设计。

（1）将窗体中名称为"LRemark"的标签控件上的文字颜色改为红色（红色代码为255）、字体粗细改为"加粗"。

（2）将窗体标题设置为"修改用户信息"。

（3）将窗体边框改为"对话框边框"样式，取消窗体中的水平和垂直滚动条、记录选择器、导航按钮和分隔线。

（4）将窗体中"退出"命令按钮（名称为"cmdquit"）上的文字颜色改为深红（深红代码为 128）、字体粗细改为"加粗"，并给文字加上下划线。

2. 打开文件夹下的数据库文件"samp2.accdb"，里面已经设计好表对象"产品""供应商"、查询对象"按供应商查询"和宏对象"打开产品表""运行查询""关闭窗口"。请按以下要求完成设计，创建一个名为"menu"的窗体，具体要求如下。

（1）对窗体进行如下设置：在距窗体左边1 cm、距上边0.6 cm处，依次水平放置"显示修改产品表"（名为"bt1"）、"查询"（名为"bt2"）和"退出"（名为"bt3"）3个命令按钮，命令按钮的宽度均为2 cm，高度为1.5 cm，每个命令按钮相隔1 cm。

（2）设置窗体标题为"主菜单"。

（3）当单击"显示修改产品表"命令按钮时，运行宏"打开产品表"，即可浏览"产品"表。

（4）当单击"查询"命令按钮时，运行宏"运行查询"，即可启动查询"按供应商查询"。

（5）当单击"退出"命令按钮时，运行宏"关闭窗口"，关闭"menu"窗体，返回到数据库窗口。

【课后思考】

1. 窗体的数据源有哪些？

2. 窗体中计算控件有哪些？它们之间有什么区别？

3. 当在窗体中要显示两个关联表中的数据时，采用哪种窗体比较合适？

实验 4.2 综合窗体

【实验目的】

1. 掌握窗体各控件属性设置的方法；
2. 了解窗体各控件在界面内的位置调整方法；
3. 掌握窗体各控件的组合使用。

【实验内容】

打开已有的"图书管理.accdb"数据库，完成如下报表的应用。

【任务 1】窗体中控件的布局

1. 打开数据库中的"form1"窗体，窗体的标题显示为"登录界面"，取消窗体内的记录选择器、导航按钮和分隔线，边框样式为"细边框"。

2. 将窗体中已有的"Txt2"文本框更改为组合框类型，并重新命名为"combo1"。将文件夹内的"图片1"放入窗体的合适位置，添加的图片命名为"Img1"，高度5.5 cm，宽度5 cm，上边距和左边距为0，图片缩放模式为"拉伸"。设置 Tab 键次序为 comb1->Txt1->cmd1->cmd2->Img1，运行界面如图4-10所示。

图 4-10 "登录界面"的运行界面

【任务 2】窗体中按钮控件的向导使用

1. 打开数据库中的窗体"form2"，设置"图书信息"表作为该窗体的记录源，取消垂直和水平的滚动条、记录选择器、导航按钮、分隔线。

2. 在合适的位置添加"出版社"的组合框，命名为"Com1"，并将窗体中的控件添加控件来源，其中文本框"Txt1"的内容不可修改。"上一条"按钮、"下一条"按钮和"添加记录"按钮由向导生成。该窗体具有查看图书信息表内数据，增加新图书信息的功能，运行界面如图4-11所示。

图 4-11   "图书情况"的运行界面

【任务 3】窗体的计算控件

创建一个窗体，命名为"form3"。设置"读者信息"表为该窗体的记录源，窗体标题为"读者记录"，取消垂直和水平的滚动条、记录选择器、分隔线，运行界面如图4-12所示。其中所有文本框和标签的字体为"方正舒体"，字号为15，颜色为128，字体粗细为"半粗"；所有标签的宽度为2.5 cm，高度为0.8 cm；所有文本框的宽度为4 cm，高度为0.8 cm；数据在显示过程中不可以修改，照片宽度为4 cm，高度为6 cm，缩放模式为"拉伸"。添加一个计算控件"Txt5"，计算每个读者的年龄。

图 4-12   "读者记录"的运行界面

【任务 4】窗体控件的综合应用

1. 创建一个窗体，命名为"form4"，取消窗体的记录选择器、导航按钮、分隔线，运行界面如图4-13、图4-14所示。其中文本框命名为"Txt1"，选项组命名为"F1"，命令按钮设置单击事件为宏"m1"（不能改变已有的查询和宏的指令）。

图 4-13　"按姓名查询"的运行界面　　　　图 4-14　"按院系查询"的运行界面

2. 创建窗体"form5"，并在窗体中添加选项卡控件，并添加适当的窗体控件，完成对读者信息的分页显示，运行界面如图4-15～图4-17所示。

图 4-15　"读者基本信息"页运行界面　　　　图 4-16　"读者其他信息"页运行界面

图 4-17　"读者照片"页运行界面

【实验操作】

【任务1】窗体中控件的布局

本题主要考查Access窗体中控件的布局和Tab键次序的设置，具体操作过程如下。

4-7　窗体控件布局

（1）打开"图书管理.accdb"数据库，打开"form1"窗体，切换窗体的视图为"设计视图"。

（2）单击"设计"选项卡下的"属性表"按钮，显示"属性表"窗口。在窗体的"属性表"窗口中单击"格式"选项，设置"标题"属性为"登录界面"；设置"记录选择器""导航按钮"和"分割线"属性为"否"；设置"边框样式"属性为"细边框"。

（3）单击"设计"选项卡下"控件"组中的"插入图像"按钮，浏览图片所在的目录，选中插入的图片，在窗体的合适位置拖放插入的图片。选中插入的图片，在"属性表"窗口中单击"全部"选项卡，设置图片的"名称"属性为"Img1"，"高度"为5.5，"宽度"为5，"上边距"和"左"属性为0，"缩放模式"为"拉伸"。

（4）右击窗体中的"Txt1"文本框控件，将文本框控件更改为组合框控件，如图4-18所示。在"属性表"窗口下的"其他"选项设置"名称"属性为"combo1"。

图4-18　"文本框"更改为"组合框"

（5）单击"设计"选项卡下的"Tab键次序"按钮，在弹出的"Tab键次序"对话框中拖动控件名进行排序，如图4-19所示。

图 4-19　Tab 键次序的设置

（6）保存窗体。

【任务 2】窗体中按钮控件的向导使用

本题主要考查窗体中命令按钮控件的向导使用，具体操作过程如下。

（1）打开"图书管理"数据库，再打开"form2"窗体，切换窗体的视图为"设计视图"。

4-8　窗体中按钮控件的向导使用

（2）单击"设计"选项卡下的"属性表"按钮，显示"属性表"窗口。在窗体的"属性表"窗口中单击"格式"选项，设置"标题"属性为"图书情况"，设置"记录选择器""导航按钮"和"分割线"属性为"否"，设置"滚动条"属性为"两者均无"；在"属性表"窗口中单击"数据"选项，设置"记录源"属性为"图书信息"。

（3）单击"设计"选项卡下的"控件"组的"组合框"控件，并添加到窗体的适当位置。在"属性表"窗口中单击"其他"选项，设置"名称"属性为"Com1"，设置"数据"选项下的"控件来源"为"出版社"。

（4）选中"Txt1"文本框，在"属性表"窗口中设置"数据"选项下的"可用"属性为"否"，"控件来源"属性为"图书编号"字段。将其他所有文本框控件的"控件来源"属性设置为对应的字段值。

（5）选中"出版时间"文本框，在"属性表"窗口中设置"格式"选项下的"格式"属性为"yyyy\年mm\月"。

（6）确认已打开控件的"使用控件向导"，如图4-20所示。单击"设计"选项卡中的"控件"组中的"按钮"控件，在窗体的适当位置进行拖放，弹出控件向导窗口。如图4-21～图4-23所示，选中"记录导航"中的"转至前一项记录"，单击"下一步"按钮，选中"文本"，显示的内容为"上一条"，单击"下一步"按钮完成"上一条"按钮的设置。"下一条"按钮和"添加记录"按钮的设置过程类似，不再赘述。

图 4-20　"使用控件向导"设置

图 4-21 按钮"上一条"设置 1

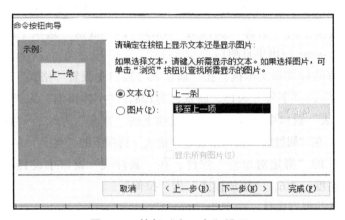

图 4-22 按钮"上一条"设置 2

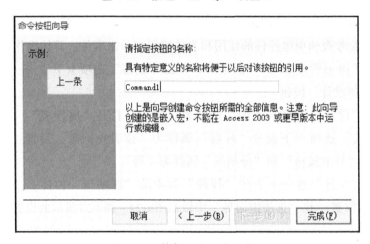

图 4-23 按钮"上一条"设置 3

（7）保存窗体。

【任务 3】窗体的计算控件

本题考查窗体中计算控件的使用和使用"绑定对象框"对照片字
段的显示，具体操作过程如下。

4-9 窗体的计算控件

（1）打开"图书管理.accdb"数据库，单击"创建"选项卡下"窗体"组中的"窗体设计"按钮。

（2）单击"设计"选项卡下的"属性表"按钮，打开"属性表"窗口，单击"数据"选项卡，设置"记录源"属性为"读者信息"，设置"允许编辑"属性为"否"；在"格式"选项卡下设置"标题"属性为"读者记录"，设置"记录选择器"和"分割线"属性为"否"，设置"滚动条"属性为"两者均无"。

（3）单击"设计"选项卡下的"添加现有字段"按钮，打开"字段列表"窗口。将字段列表中的"读者编号""读者姓名""性别""所属院系"和"照片"字段拖动到窗体的适当位置。

（4）单击"设计"选项卡下的"控件"组的"文本框"控件，放在窗体的适当位置。将文本框前面的标签显示设置为"年龄"。选中"年龄"文本框，在"属性表"窗口中设置"其他"选项下的"名称"属性为"Txt5"，"数据"选项下的"控件来源"为"=year（date（））-year（[出生日期]）"。

（5）选中所有的标签和文本框，在"属性表"窗口中设置"格式"选项下的"字体名称"为"方正舒体"，"字号"为15，前景色为128，"字体粗细"为"半粗"。选中所有的标签，在"属性表"窗口中设置"格式"选项下的"宽度"为2.5，"高度"为0.8。选中所有的文本框控件，在"属性表"窗口中设置"格式"选项下的"宽度"为4，"高度"为6。

（6）选中照片的"绑定对象框"控件，在"属性表"窗口中设置"格式"选项下的"宽度"为4，"高度"为6，"缩放模式"为"拉伸"。

（7）运行窗体并保存窗体，命名为"form3"。

【任务4】窗体控件的综合应用

1. 本题主要考查选项组控件的使用和为按钮添加单击事件，具体操作过程如下。

（1）打开"图书管理.accdb"数据库，单击"创建"选项卡下"窗体"组中的"窗体设计"按钮。

（2）单击"设计"选项卡下的"属性表"按钮，打开"属性表"窗口，在"格式"选项卡下设置"标题"属性为"读者查询"，设置"记录选择器""导航按钮"和"分割线"属性为"否"。

4-10 窗体 form4

（3）单击"设计"选项卡下的"控件"组中的"选项组"控件，放在窗体的适当位置，在"选项组向导"中做如图4-24～图4-27所示的设置。

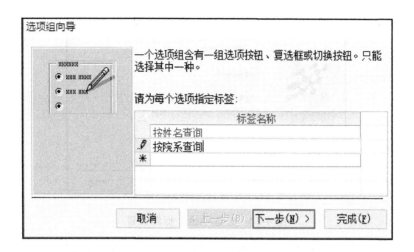

图 4-24   "选项组"控件的标签设置

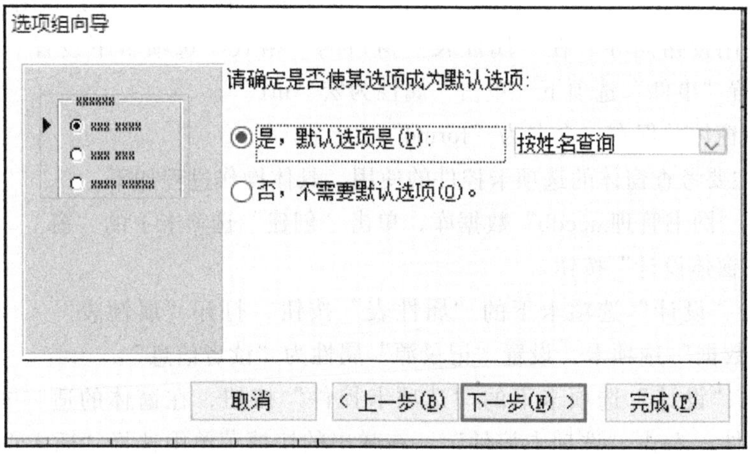

图 4-25   "选项组"控件的默认选项设置

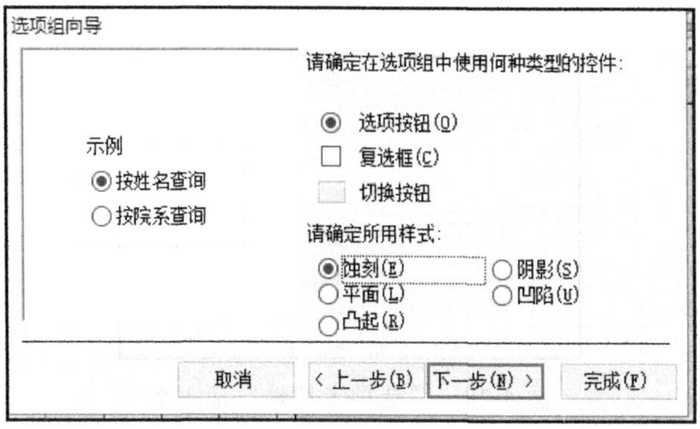

图 4-26   "选项组"中选择控件类型

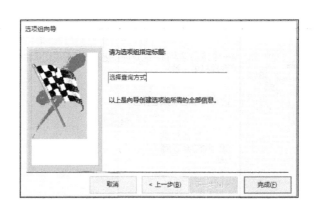

图 4-27 "选项组"标题设置

（4）单击"设计"选项卡下的"控件"组中的"文本框"控件，放在窗体的适当位置。打开"属性表"窗口，在"格式"选项卡下设置"名称"属性为"Txt1"。

（5）单击"设计"选项卡下的"控件"组中的"按钮"控件，放在窗体的适当位置，不需要使用按钮向导。在"属性表"窗口的"格式"选项卡下设置"标题"属性为"查询"；设置"事件"选项下"单击"属性为宏"m1"。

（6）运行窗体并保存，命名为"form4"。

2. 本题主要考查窗体的选项卡控件的使用，具体操作过程如下。

（1）打开"图书管理.accdb"数据库，单击"创建"选项卡下的"窗体"组中的 "窗体设计"按钮。

（2）单击"设计"选项卡下的"属性表"按钮，打开"属性表"窗口，单击"数据"选项卡，设置"记录源"属性为"读者信息"。

4-11 窗体 form5

（3）单击"设计"选项卡下的"选项卡控件"按钮，在窗体的适当位置添加控件。右击"选项卡控件"，在弹出的快捷菜单中选择"插入页"命令，如图4-28所示。设置选项卡中每页的标题为"读者基本信息""读者其他信息"和"读者照片"。

图 4-28 "选项卡控件"插入页

（4）单击"设计"选项卡下的"添加现有字段"按钮，打开"字段列表"窗口。将字段列表中的"读者编号""读者姓名""性别"和"所属院系"字段拖动到窗体的"选项卡控件"的第1页"读者基本信息"中，调整控件的位置。其他页的设置不再赘述。

【扩展练习】

1. 在文件夹下有一个数据库文件"samp1.accdb"，里面已经设计了表对象"tEmp"、查询对象"qEmp"和窗体对象"fEmp"，同时，给出窗体对象"fEmp"上两个按钮的单击事件代码，请按以下要求补充设计。

4-12　4.2 扩展练习 1

（1）将窗体"fEmp"上名称为"tSS"的文本框控件改为组合框控件，控件名称不变，标签标题不变。设置组合框控件的相关属性，以实现从下拉列表中选择输入性别值"男"和"女"。

（2）将查询对象"qEmp"改为参数查询，参数为窗体对象"fEmp"上组合框"tSS"的输入值。

（3）将窗体对象"fEmp"上名称为"tPa"的文本框控件设置为计算控件，要求依据"党员否"字段值显示相应内容。如果"党员否"字段值为True，显示"党员"两个字；如果"党员否"字段值为False，显示"非党员"三个字。

2. 在文件夹下有一个数据库文件"samp2.accdb"，其中存在已经设计好的窗体对象 "fStaff"，请在此基础上按照以下要求补充窗体设计。

（1）在窗体的页眉节区添加一个标签控件，其名称为"bTitle"，标题为"员工信息输出"。

4-13　4.2 扩展练习 2

（2）在主体节区添加一个选项组控件，将其命名为"opt"，选项组标签显示内容为"性别"，名称为"bopt"。

（3）在选项组内放置两个单选按钮控件，选项按钮分别命名为"opt1"和"opt2"，选项按钮标签显示内容分别为"男"和"女"，名称分别为"bopt1"和"bopt2"。

（4）在窗体页脚节区添加两个命令按钮，分别命名为"bOk"和"bQuit"，按钮标题分别为"确定"和"退出"。

（5）将窗体标题设置为"员工信息输出"。

3. 在文件夹下有一个数据库文件"samp3.accdb"，里面已经设计好表对象"tStud"，同时还设计出窗体对象"fStud"，请在此基础上按照以下要求补充"fStud"窗体的设计。

4-14　4.2 扩展练习 3

（1）在窗体的"窗体页眉"中距左边0.4 cm、距上边1.2 cm处添加一个直线控件，控件宽度为10.5 cm，控件命名为"tLine"。

（2）将窗体中名称为"lTalbel"的标签控件上的文字颜色改为"蓝色"（蓝色代码为16711680）、字体名称改为"华文行楷"、字体大小改为22。

（3）将窗体边框改为"细边框"样式，取消窗体中的水平和垂直滚动条、记录选择器、导航按钮和分隔线，只保留窗体的关闭按钮。

（4）假设"tStud"表中，"学号"字段的第5位和第6位编码代表该生的专业信息，当这两位编码为10时表示"信息"专业，为其他值时表示"管理"专业。设置窗体中名称为"tSub"的文本框控件的相应属性，使其根据"学号"字段的第5位和第6位编码显示对应的专业名称。

【课后思考】

1. 窗体中的哪些控件可以作为计算控件？
2. 窗体中的哪些控件可以绑定数据源？
3. 窗体中命令按钮控件的事件类型有哪些？

实验 4.3　报表的应用

【实验目的】

1. 学习报表格式的设计；
2. 掌握报表中的排序与分组；
3. 掌握报表中计算控件的使用。

【实验内容】

打开已有的"图书管理.accdb"数据库，完成如下报表的应用。

【任务 1】使用报表向导创建报表

使用报表向导，以"图书信息"表为数据源创建一个名为"图书信息显示"的报表，要求显示图书信息表内的"图书名称""主编""价格"和"出版社"，以表格样式显示，报表标题为"图书信息显示"，报表完成后的运行效果如图4-29所示。

图 4-29　"图书信息显示"报表的运行界面

【任务 2】利用设计报表添加控件

1. 打开报表"rBook"，在视图的报表页眉中添加标签控件，命名为"bTitle"，标题设置为"图书出版信息"，并将"字号"设置为20，"字体颜色"设置为"#FF0000"。

2. 在报表"rBook"中的合适位置添加计算控件"rTxt3"计算每本书的出版年份，显示为"××××年"，并将控件的边框设置为透明，运行效果如图4-30所示。

3. 在报表"rBook"中添加页码，页码格式为"第×页，共×页"，页码的控件名称为"rTxt6"，并将边框设置为透明；在报表的"页面页脚"节处添加一个文本框"rTxt5"用于显示当前的日期，设置显示格式为"长日期"，并将边框设置为"透明"，运行效果如图4-31所示。

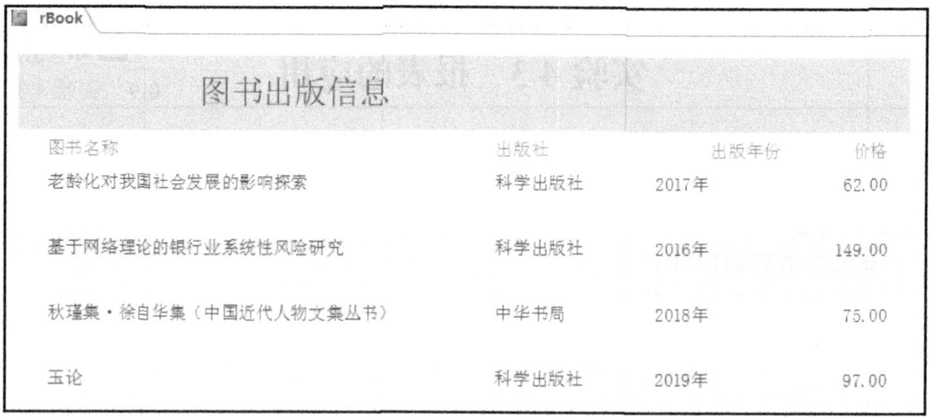
rBook
图书出版信息
图书名称
出版社
出版年份
价格
老龄化对我国社会发展的影响探索
科学出版社
2017年
62.00
基于网络理论的银行业系统性风险研究
科学出版社
2016年
149.00
秋瑾集·徐自华集（中国近代人物文集丛书）
中华书局
2018年
75.00
玉论
科学出版社
2019年
97.00

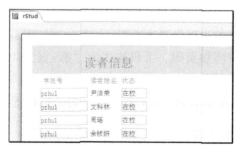

图 4-30　报表“rBook”的运行界面

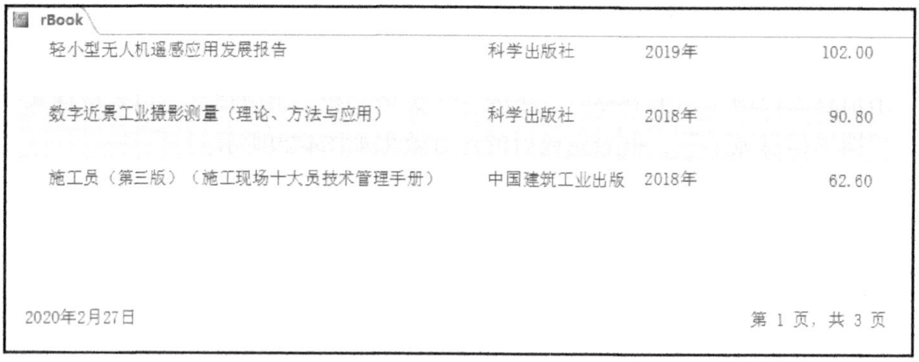
rBook
轻小型无人机遥感应用发展报告
科学出版社
2019年
102.00
数字近景工业摄影测量（理论、方法与应用）
科学出版社
2018年
90.80
施工员（第三版）（施工现场十大员技术管理手册）
中国建筑工业出版
2018年
62.60
2020年2月27日
第 1 页，共 3 页

图 4-31　报表“rBook”中添加日期和页码的运行界面

【任务 3】报表中的分组和排序

1. 利用报表设计，以“读者信息”表为数据源来创建报表“rStud”，要求显示“学院号”“读者姓名”和“状态”，以表格样式显示，在报表页眉中添加标签“bLab1”，标题设置为“读者信息”，其中“学院号”由表中的“读者编号”的前五位得到，“状态”控件中的显示信息由表中的“状态”得到，“状态”为“是”，控件中显示为“在校”，否则显示为“不在校”，运行效果如图4-32所示。

rStud
读者信息
学院号
读者姓名
状态
pzhu1
尹洁荣
在校
pzhu1
文科林
在校
pzhu1
周瑶
在校
pzhu1
余桢妍
在校

图 4-32　报表“rStud”的运行界面

2．计算报表"rStud"中的所有读者人数，并显示在报表的末尾处。分别用标签"rLab4"显示"读者人数："和文本框"rTxt4"计算读者人数，运行效果如图4-33所示。

图4-33　报表"rStud"中添加统计人数

3．在报表"rStud"中，按"所属院系"进行分组统计，在每个学院的上方显示"××读者人数"（其中"××"指的是所属院系），在下方统计每个学院的读者人数，标签显示"读者人数："，运行效果如图4-34所示。

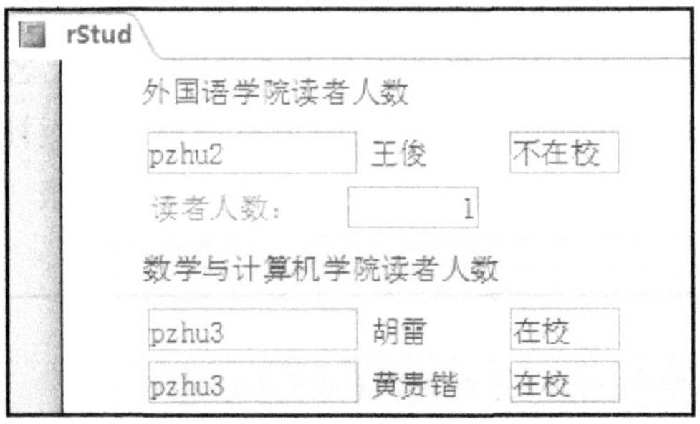

图 4-34　报表"rStud"分组统计显示读者人数

4．在报表"rBook"中，将显示结果按照"出版年份"进行排序，运行效果如图4-35所示。

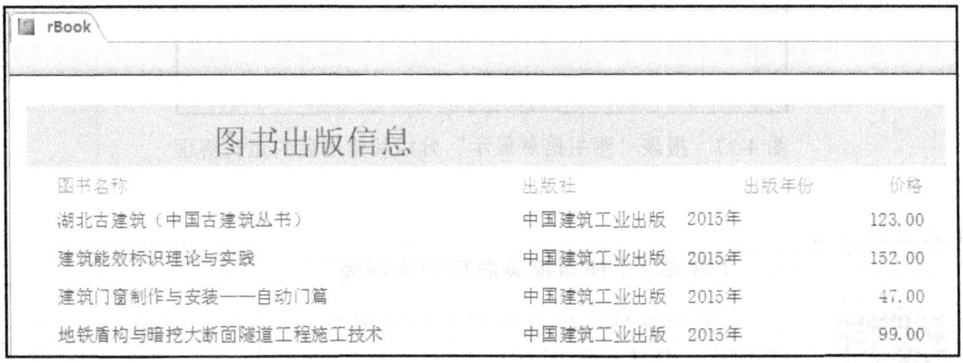

图 4-35　报表"rStud"排序后的运行界面

5．在报表"rBook"中，将图书信息按照"出版年份"进行分组统计，将每年出版的图书数量显示在分组页脚的位置，在组页眉中显示"××年出版图书"（其中"××"指图书出版的年份），将组页眉和页脚中的控件边框样式设置为"透明"，运行效果如图4-36所示。

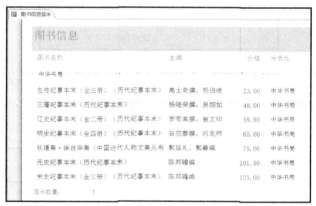

图 4-36　报表"rStud"按"出版年份"分组统计后的运行界面

6. 在报表"图书信息显示"中，将图书信息按照"出版社名称"进行分组统计，将每个出版社的图书数量显示在组页脚的位置，在组页眉中显示出版社名称，将组页眉和页脚中的控件边框样式设置为"透明"。对分组后的报表显示结果按照"价格"进行升序排序，运行效果如图4-37所示。

图 4-37　报表"图书信息显示"分组和排序后的运行界面

【实验操作】

【任务 1】使用报表向导创建报表

本题考查使用报表向导完成报表的创建，具体过程如下。

（1）打开"图书管理.accdb"数据库，单击"创建"选项卡下的"报表"组的"报表向导"按钮，打开"报表向

4-15　向导创建报表

图 4-38　"报表向导"的选择

导"对话框，如图4-38所示。

（2）在"报表向导"对话框中，设置数据来源为"图书信息"表，并设置报表的布局为"表格"，设置报表标题为"图书信息显示"，分别如图4-39～图4-41所示。

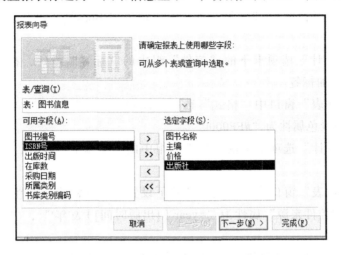

图 4-39   "报表向导"中表字段的选择

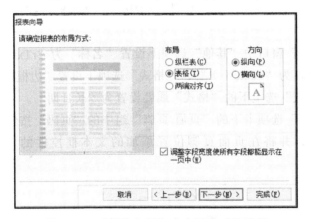

图 4-40   "报表向导"中布局方式的选择

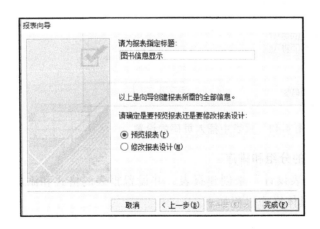

图 4-41   "报表向导"中标题的设置

【任务 2】利用设计报表添加控件

本题主要考查在报表中添加"标签"控件和"文本框"控件，并设置需要使用的计算控件，具体操作步骤如下。

4-16　报表设计器添加控件

（1）打开"图书管理.accdb"数据库，右击报表"rBook"，打开报表的设计视图。

（2）单击"设计"选项卡下的"控件"组中的"标签"控件，在报表页眉位置单击添加标签。

（3）在"属性表"窗口中"格式"选项下设置"标题"属性为"图书出版信息"，"字号"为20，前景色属性为"#FF0000"。

（4）单击"设计"选项卡下的"控件"组中的"文本框"控件，在报表主体位置单击添加文本框。

（5）在"属性表"窗口中"格式"选项下设置"边框样式"属性为"透明"，"数据"选项下设置"控件来源"属性为"=year（[出版时间]）&'年'"，"其他"选项下设置"名称"为"rTxt3"。

（6）将报表切换至"打印预览"视图查看效果，并保存报表。

（7）单击"设计"选项卡下的"控件"组中的"文本框"控件，在页面页脚的位置单击添加文本框。

（8）在"属性表"窗口中"其他"选项下设置"名称"为"rTxt5"，"数据"选项下设置"控件来源"属性为"=date（）"，"格式"选项下设置"边框样式"属性为"透明"，"格式"选项下的"格式"属性设置为"长日期"。

（9）单击"设计"选项卡下的"页眉/页脚"组中的"页码"按钮，并按照如图4-42所示进行页码的设置，并将在页面页脚位置添加的文本框控件的"名称"属性设置为"rTxt6"。

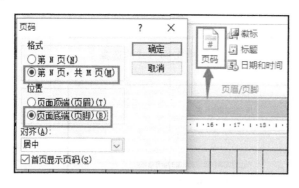

图 4-42　报表中插入页码的设置

【任务 3】报表中的分组和排序

1. 考查使用"报表设计"来创建报表，并设置报表的格式和添加标签、文本框控件，具体操作过程如下。

4-17　在报表 rStud 中添加的控件

（1）打开"图书管理.accdb"数据库，单击"创建"选项卡下的"报表"组中的"报表设计"图标。

（2）选中"报表"，将"属性表"窗口中"数据"选项下"记录源"属性设为表"读者信息"。

（3）右击"报表"，选择显示"报表页眉/页脚"命令，在报表页眉位置添加标签，在"属性表"窗口中设置标签的"名称"属性为"bLab1"，"标题"为"读者信息"。

（4）在报表的页面页眉位置添加 3 个标签控件，分别显示为"学院号""读者姓名"和"状态"。

（5）在报表的主体位置添加3个文本框控件，分别对应"学院号""读者姓名"和"状态"的数据显示。将"学院号"文本框的"控件来源"属性设置为"=left（[读者编号]，5）"，将"读者姓名"文本框的"控件来源"属性设置为"读者姓名"字段，将"状态"文本框的"控件来源"属性设置为"=iif（[状态]，'在校'，'不在校'）"。

（6）切换报表的视图为"打印预览"，查看效果并保存，命名为"rStud"。

2. 考查报表中计算控件的应用，并将计算控件放在适当的位置，具体操作过程如下。

（1）在报表的报表页脚位置添加文本框控件，在"属性表"窗口中设置标签的"名称"属性为"rLab4"，"标题"属性设置为"读者人数："；设置文本框的"名称""rTxt4"，"控件来源"属性为"=count（*）"。

（2）切换报表的视图为"打印预览"，查看效果并保存。

4-18 计算报表rStud 中读者人数

3. 考查报表的分组设置，具体操作过程如下。

（1）单击"设计"选项卡下的"分组和汇总"组里的"分组和排序"图标，在报表下方显示"分组、排序和汇总"窗口，在该窗口中添加分组字段"所属院系"，并设置汇总方式，如图4-43所示。

4-19 在报表tStud 中分组

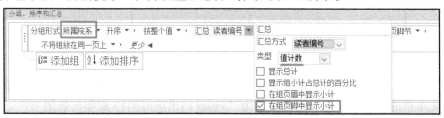

图 4-43 报表"分组"的设置

（2）在新显示出的组页眉中添加"文本框"控件，设置文本框的"控件来源"属性为"=[所属院系]&'读者人数'"，文本框的"边框样式"属性设置为"透明"。

（3）打印预览报表，查看运行效果并保存。

4. 考查报表中字段的排序显示，具体操作过程如下。

（1）打开"图书管理.accdb"数据库，右击报表"rBook"，打开报表的设计视图。

4-20 在报表Book 中排序

（2）单击"设计"选项卡下的"分组和汇总"组中的"分组和排序"图标，在报表下方显示"分组、排序和汇总"窗口。单击"添加排序"按钮，设置排序依据，选择"表达式"，在"表达式生成器"中，设置排序的表达式"=year（[出版时间]）"，如图4-44所示。

（3）打印预览报表，查看运行效果并保存。

4-21 对报表
rBook 分组

5. 考查报表中的分组统计，并设置合适的分组页眉和页脚，具体操作过程如下。

（1）在"分组、排序和汇总"窗口中单击"添加组"按钮，如图4-45所示。在"分组形式"中选择字段为"表达式"，在"表达式生成器"中设置表达式为"=year（[出版时间]）"。

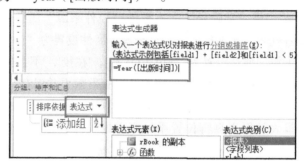

图 4-44 报表排序字段的设置

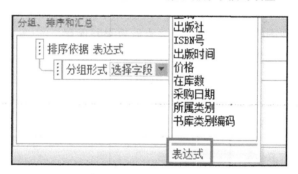

图 4-45 报表"分组"字段表达式的设置

（2）在新出现的组页眉节中，添加"文本框"控件，并将文本框的"边框样式"设置为"透明"，文本框的"控件来源"属性设置为"=year（[出版时间]）&'年出版图书'"，如图4-46所示。

（3）在新出现的组页脚节中，添加文本框控件，设置"标签"显示为"图书数量："，文本框的"边框样式"设置为"透明"，文本框的"控件来源"属性设置为"=count（*）"，如图4-47所示。

图 4-46 组页眉中文本框的设置

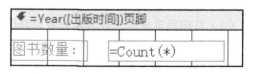

图 4-47 组页脚中文本框的设置

（4）打印预览报表，查看效果并保存。

6．考查报表的排序和分组的综合应用，具体操作过程如下。

（1）打开报表"图书信息显示"的设计视图，单击"设计"选项卡下的"分组和汇总"组中的"分组和排序"图标，在报表下方显示"分组、排序和汇总"窗口。

4-22　对报表图书信息显示分组和排序

（2）单击"添加组"按钮，选择"分组形式"的字段为"出版社"，选择"有页眉节"和"有页脚节"。

（3）在页眉节添加文本框控件，设置文本框的"控件来源"属性为"出版社"；在页脚节添加文本框控件，设置关联的标签显示为"图书数量："，文本框的"控件来源"为"=count（＊）"，如图4-48所示。

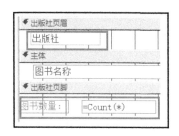

图 4-48　"出版社"组页眉页脚的设置

（4）单击"添加排序"按钮，设置排序依据的字段为"价格"，如图4-49所示。

图 4-49　报表中排序的设置

（5）打印预览报表并保存。

【扩展练习】

1．打开sample数据库，在报表rStud的报表页眉节区添加一个标签控件，其名称为"bTitle"，显示内容为"学生信息表"。

2．在sample数据库中，为报表rStud的主体节区添加一个文本框控件，显示"姓名"字段值。该控件放置在距上边0.1 cm、距左边3.2 cm，并命名为"tName"。

4-23　4.3 扩展练习

3．在sample数据库的报表rStud中，按"编号"字段前四位分组统计每组记录的平均年龄，并将统计结果显示在组页脚节区。计算控件命名为"tAvg"。

要求：使用分组表达式进行分组。

【课后思考】

1. 报表和窗体比较，多了哪些节区？这些节区有什么作用？

2. 报表和窗体比较，它的典型特点是什么？平时常见的学生课表、教师课表或者班级课表应该属于报表还是窗体？

3. 报表中的分组和排序可以同时使用吗？一般是嵌套使用还是并列使用？

第5章 程序设计

实验 5.1 宏

0-10 实验 5.1 数据包

【实验目的】

1. 了解宏的概念；
2. 理解宏的分类和作用；
3. 掌握常用的宏指令的功能；
4. 掌握宏与窗体、报表的控件之间设置属性的方法。

【实验内容】

请在已有的"图书管理.accdb"数据库中完成如下宏的创建。

【任务1】创建独立的宏

1. 创建一个宏，名称为"mac1"，实现打开"form1"窗体后再打开"管理员信息"表，然后用消息框提示"即将关闭表和窗体"，关闭"管理员信息"表，关闭"form1"窗体。

2. 创建一个宏，名称为"mac2"，该宏包含3个子宏并分别实现如下功能。

（1）子宏1名称为"sub1"，功能为打开"图书库信息"表，数据模式为"只读"。

（2）子宏2名称为"sub2"，功能为关闭"图书库信息"表，直接保存不需要提示。

（3）子宏3名称为"sub3"，功能为关闭当前Access数据库。

打开"form1"窗体，在该界面上添加3个命令按钮，标题内容分别为"打开图书库表""关闭图书库表"和"关闭Access"，分别设置3个命令按钮的功能为子宏"sub1""sub2"和"sub3"。

3. 创建一个宏，名称为"mac3"，功能为当窗体"form2"上文本框T1的值为"abc"，并且T2的值为"123456"时，则打开窗体"form1"；否则给出消息框提示"账号和密码错误！"，消息框的图标为"警告！"，标题内容为"提示"。设置命令按钮"com1"的单击事件为mac3，设置"com2"的单击事件为"mac2"的子宏"sub3"。

4. 设计一个宏为自动运行的宏，功能为以打印预览的方式打开"读者信息"报表，只显示"医学院"的读者信息。

【任务2】创建嵌入的宏

打开窗体"form3"，设置"com1"单击事件为一个嵌入的宏，该宏的功能为判断文本框内数字的正负。

（1）当输入的数字大于0时，用消息框输出"该数为正数"。

（2）当输入的数字小于0时，用消息框输出"该数为负数"。

（3）当输入的数字等于 0 时，用消息框输出"该数为零"。

【实验操作】
【任务 1】创建独立的宏

5-1　宏 mac1 的设计

1. 打开"图书管理.accdb"数据库，单击"创建"选项卡，在"宏与代码"命令组中单击"宏"命令按钮，进入宏设计窗口。

（1）单击"添加新操作"行的下拉箭头，显示宏命令列表，选择"openform"，然后"窗体名称"选择"form1"。

（2）在"添加新操作"组合框中，选择宏命令"opentable"，然后"表名称"选择"管理员信息"。

（3）在"添加新操作"组合框中，选择宏命令"messagebox"，然后在"消息"行输入"即将关闭表和窗体"。

（4）在"添加新操作"组合框中，选择宏命令"closewindow"，然后"对象类型"选择"表"，"对象名称"选择"管理员信息"。

（5）在"添加新操作"组合框中，选择宏命令"closewindow"，然后"对象类型"选择"窗体"，"对象名称"选择"form1"。

（6）单击"保存"按钮，输入宏名称为"mac1"。

2. 在"图书管理.accdb"数据库中创建一个宏。

5-2　宏 mac2 的设计

（1）在窗口右边的"操作目录"中双击程序流程"Submacro"添加子宏，默认名称为"Sub1"，具体选择操作如图5-1所示。

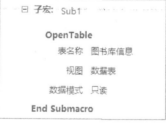

图 5-1　子宏 1

（2）用同样的方法添加子宏"Sub2"和"Sub3"，它们具体的选择操作如图5-2和图5-3所示。单击"保存"按钮，输入宏名称为"mac2"。

（3）用"设计视图"模式打开窗体"form1"并添加3个命令按钮，如图5-4所示，选中"打开图书库表"命令按钮，在"属性表"的"事件"选项卡中设置单击事件为下拉列表中的"mac2.Sub1"子宏，用上述同样的方法，设置"关闭图书库表"命令按钮的单击事件为"mac2.Sub2"子宏，"关闭Access"命令按钮的单击事件为"mac2.Sub3"子宏。单击"保存"按钮保存窗体"form1"。

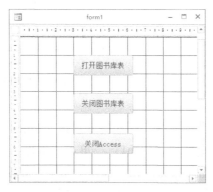

图 5-2　子宏 2　　　　　　图 5-3　子宏 3

图 5-4　窗体 form1 设计视图界面

3. 在"图书管理.accdb"数据库中创建一个宏，在"添加新操作"组合框中选择"If"命令，其后面输入的内容和具体操作如图5-5所示，单击"保存"按钮，输入宏名称为"mac3"。在"设计视图"模式下打开窗体"form2"，选中"登录"命令按钮，在"属性表"的"事件"选项卡中，设置单击事件为"mac3"，用同样的方法设置"退出"按钮的单击事件为"mac2.Sub3"，保存"form2"。

5-3　宏 mac3 的设计

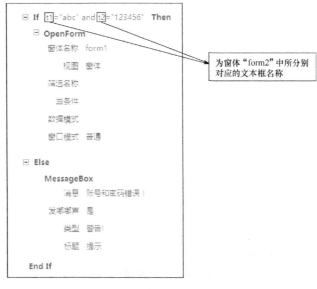

图 5-5　宏 mac3

5-4 宏 mac4 的设计

4. 创建一个宏，在"添加新操作"组合框中选择"OpenReport"命令，然后在"报表名称"行选择"读者信息"，在"视图"行选择"打印预览"，在"当条件="行输入"所属院系="医学院""，如图5-6所示。单击保存按钮，输入宏名称为"autoexec"。

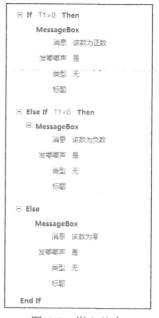

OpenReport

报表名称	读者信息
视图	打印预览
筛选名称	
当条件	= [所属院系]="医学院"
窗口模式	普通

图5-6 自动宏

【任务 2】创建嵌入的宏

5-5 嵌入宏的创建

用"设计视图"模式打开窗体"form3"，在"属性表"对象列表中选择命令按钮"Com1"，单击"事件"选项卡，再单击"单击"属性后的省略号按钮。在"选择生成器"对话框中选择"宏生成器"，单击"确定"按钮，即可为"Com1"创建一个嵌入的宏，完成该宏的相关操作，如图5-7所示，其中"T1"为窗体上的文本框，单击"保存"按钮，然后单击"关闭"按钮，关闭宏编辑器。

⊟ If T1 > 0 Then
   MessageBox
      消息 该数为正数
     发嘟嘟声 是
       类型 无
       标题

⊟ Else If T1 < 0 Then
  ⊟ **MessageBox**
      消息 该数为负数
     发嘟嘟声 是
       类型 无
       标题

  ⊟ Else
   MessageBox
      消息 该数为零
     发嘟嘟声 是
       类型 无
       标题

End If

图 5-7 嵌入的宏

【扩展练习】

5-6 5.1扩展练习1

1. 打开数据库文件"samp1.accdb"，设置窗体对象"fTest"上名为"bTest"的命令按钮的单击事件属性为给定的宏对象"m1"。

2. 打开数据库文件"samp2.accdb"，在窗体"fEmployee"的窗体页脚节区添加一个命令按钮，命名为"bList"，按钮标题为"显示职工科研情况"，设置该按钮的单击事件属性为运行宏对象"m1"。

3. 打开数据库文件"samp3.accdb"，在窗体对象"fEmp"上单击"退出"按钮(名为"bt2")，调用设计好的宏"mEmp"来关闭窗体。

5-7　5.1 扩展练习 2

4. 打开数据库文件"samp4.accdb"，将宏"打开表"重命名为自动执行的宏。

5-8　5.1 扩展练习 3

【课后思考】

1.嵌入宏和独立宏有什么区别。

5-9　5.1 扩展练习 4

实验 5.2 VBA 程序设计基础

【实验目的】

1. 熟悉VBA的操作界面；

2. 掌握VBA程序的3种流程控制结构；

3. 掌握窗体或报表中对象的引用方法；

4. 掌握在类模块中编写VBA事件过程代码的方法。

【实验内容】

打开"图书管理"数据库，按以下要求设计模块：

1. 打开"职工情况"窗体，在"窗体页眉"中距左边0.5厘米，上边0.3厘米处添加一个标签控件，控件名称为"Tda"，标题为"系统日期"。窗体加载时，将添加标签标题设置为系统当前日期。窗体"加载"事件已提供，请补充完整。

2. 打开报表"rp1"，在报表加载时，将报表的标题更改为"某月图书信息"，其中某月由当前系统的月份计算得到。报表的"加载"事件已经提供，请补充完整。

3. 在窗体对象"fEmp"上有"刷新"和"退出"两个命令按钮，名称分别为"bt1"和"bt2"。单击"刷新"按钮，窗体记录源改为查询对象"qEmp"；单击"退出"按钮，关闭窗体。现已编写了部分VBA代码，请按VBA代码中的指示将代码补充完整。

4. 打开窗体"信息输出"，单击"报表输出"按钮(名为"bt1")，事件代码会弹出如图5-8的消息框，选择是否进行预览报表"rEmp"；单击"退出"按钮(名为"bt2")，调用设计好的宏"mEmp"以关闭窗体。

图 5-8 消息框界面

5. 打开窗体"form1"，单击"预览读者报表"按钮会以预览的方式打开报表"读者"，单击"打开主窗体"按钮，会打开窗体"主窗体"，现已编写了部分 VBA 代码，请按 VBA 代码中的指示将代码补充完整。

【实验操作】

1. 本题操作步骤为：

（1）根据题意打开"图书管理"数据库，用"设计视图"打开"职工情况"窗体。

（2）通过观察发现该窗体只有"主体"部分，因此在选中"主体"栏单击鼠标右键，在右键菜单中选择"窗体页眉/页脚（H）"打开窗体页眉和页脚的编辑区。

（3）在"窗体页眉"编辑区根据题意添加标签控件，在标签内输入"系统日期"，在该标签的属性表的名称属性后输入"tda"，在上边距属性后输入"0.3"，在左边距属性后输入"0.5"。

（4）题目中需要设置窗体加载的代码，因此选择"表单设计"选项卡下面的"工具"组内的 图标，打开 VBA 编辑界面。加载事件已经写出来了，只需在该事件空出来的区域内输入如下代码：

    tda.Caption = Date

其中 tda 表示标签控件的名字，Caption 是标签的标题属性，而在 VBA 中取系统日期的函数直接写成 Date 即可，如图 5-9 所示。

（5）保存并运行该窗体，查看结果是否正确后，关闭窗体。

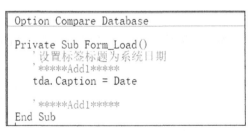

图 5-9　设置标签标题代码

2. 本题操作步骤为：

（1）以"设计视图"打开报表"rp1"，根据题意需要设计报表加载事件的代码，用上题的方式打开 VBA 编辑界面。

（2）在该界面内已经存在报表的加载事件，只需在该事件空出来的区域内输入如下代码：

    Me.Caption = Month(Date) & "月图书信息"

其中 Me 表示当前报表，也可以写成 Report；Caption 是报表的标题属性；Month(date) 表示取系统日期的月份，这个数据是数值型的，而后面的文字是字符型的数据，若需要将两种不同类型的数据放到一起显示输出，就需要使用"&"符号将两种数据连接到一起，如图 5-10 所示。

```
Option Compare Database

Private Sub Report_Load()
    '设置报表标题为某月图书信息情况
    '*****Add2*****
    Me.Caption = Month(Date) & "月图书信息"
    '*****Add2*****

End Sub
```

图 5-10　设置报表标题代码

（3）保存并运行报表，查看结果是否正确，关闭报表。

3.本题操作步骤为：

（1）以"设计视图"打开窗体"fEmp"，在"属性表"的下拉菜单中选择对象"bt1"，在属性的"事件"选项卡内可以看到"单击"属性后面已有[事件过程]，单击后方的…按钮，打开 VBA 编程界面。

（2）在 bt1_Click()事件下面输入设置窗体记录源的代码：

Form.RecordSource = "qemp"

其中 Form 表示当前窗体，也可以写成 Me；RecordSource 表示记录源；"qemp"是该数据库中查询对象的名字。

（3）在 bt2_Click()事件下面输入执行关闭窗体的宏指令代码：

　　DoCmd.Close

（4）保存并运行测试该窗体。VBA 编程界面如图 5-11 所示。

```
Private Sub bt1_Click()
    '动态设置窗体记录源属性
    '*****Add1*****
    Form.RecordSource = "qemp"
    '*****Add1*****

    '刷新窗体
    Me.Requery
End Sub

Private Sub bt2_Click()
    '关闭窗口
    '*****Add2*****
    DoCmd.Close
    '*****Add2*****
End Sub
```

图 5-11　bt1 和 bt2 单击事件的代码

```
Private Sub bt1_Click()
  '消息框提示报表输出(外观样式见题干图例)
  '*****Add*****
  If MsgBox("报表预览", vbYesNo + vbQuestion, "确认") = vbYes Then
  '*****Add*****
      '预览方式输出报表rEmp
      DoCmd.OpenReport "rEmp", acViewPreview
  End If

End Sub
```

图 5-12　消息框提示报表输出的代码

4.本题操作步骤为：

（1）以"设计视图"打开"信息输出"窗体，用上题的方法打开 VBA 编程窗口，补充该窗体内的 bt1 代码。通过阅读代码发现，代码后面有"End If"语句，而前面并没有"If"语句，因此可以判断在缺少的语句中一定存在 If 的判断语句，根据题目要求需要输出一个消息框，通过消息框的按钮来判断所执行的操作，而在 End If 前已有预览输出报表的指令，故可以推测 If 后面的条件为当消息框选择"是"时的逻辑表达式。

（2）根据以上分析，在 bt1 单击事件里输入如下指令：

If MsgBox("报表预览", vbYesNo + vbQuestion, "确认") = vbYes　　Then

其中 MsgBox()用函数的形式是因为需要得到消息框的输出值来进行条件判断。VBA 代码界面如图 5-12 所示。对于 MsgBox()第二个参数中包含的三个 Buttons 参数的值分别如表 5-1、5-2 和 5-3 所示，该函数的返回值如表 5-4 所示。

表 5-1　Buttons 参数与按钮的对应关系

常量	值	说明
vbokonly	0	只显示 ok 按钮
vbokcancel	1	显示 ok 及 cancel 按钮
vbabortretryignore	2	显示 abort、retry 及 ignore 按钮
vbyesnocancel	3	显示 yes、no 及 cancel 按钮
vbyesno	4	显示 yes、no 按钮
vbretrycancel	5	显示 retry 及 cancel 按钮

表 5-2　Buttons 参数中图标设置的常数

常量	值	说明
vbcritical	16	显示 critical message 图标 

常量	值	说明	
vbquestion	32	显示 warning question 图标	
vbexclamation	48	显示 warning message 图标	
vbinformation	64	显示 informationmessage 图标	

表 5-3　Buttons 参数中默认按钮设置的常数

常量	值	说明
vbDefaultButton1	0	第一个按钮设为默认值
vbDefaultButton2	256	第二个按钮设为默认值
vbDefaultButton3	512	第三个按钮设为默认值

表 5-4　MsgBox(　) 函数中的返回值

常量	值	说明
vbOk	1	确定
vbCancle	2	取消
vbAbort	3	终止
vbRetry	4	重试
vbIgnore	5	忽略
vbYes	6	是
vbNo	7	否

（3）在"属性表"的下拉菜单中选择"bt2"，在"事件"选项卡下的"单击"属性后的下拉菜单中选择已设计好的宏"mEmp"。

（4）保存并运行该窗体后，关闭窗体。

5.本题操作步骤为：

（1）以"设计视图"打开窗体"form1"，在设计界面上选择"预览读者报表"按钮，用前面讲过的方式打开 VBA 编程窗口。

（2）在 bt1 的单击事件内输入如下代码：

DoCmd.OpenReport "读者", acViewPreview

在 bt2 的单击事件中输入如下代码：

DoCmd.OpenForm "主窗体"

代码窗口如图 5-13 所示。

```
Private Sub bt1_Click()
    '预览方式打开报表
    '*****Add1*****
    DoCmd.OpenReport "读者", acViewPreview
    '*****Add1*****
End Sub

Private Sub bt2_Click()
    '打开窗体
    '*****Add2*****
    DoCmd.OpenForm "主窗体"
    '*****Add2*****
End Sub
```

图 5-13　打开报表和窗体代码界面

（3）保存并运行该窗体后，关闭窗体。

【扩展练习】

1. 打开数据库文件"samp1.accdb"，在窗体"fEmp"中单击"刷新"按钮（名为"bt1"），事件过程动态设置窗体记录源为查询对象"qEmp"，实现窗体数据按性别条件动态显示退休职工的信息；单击"退出"按钮（名为"bt2"），调用设计好的宏"mEmp"以关闭窗体。

5-10　5.2 扩展练习 1

2. 打开数据库文件"samp2.accdb"，给出窗体"fEmp"的若干事件代码，按以下功能要求补充设计。

（1）窗体加载事件实现的功能是显示窗体标题，显示内容为"****年度报表输出"，其中4位****为系统当前年份，请补充加载事件代码，要求使用相关函数获取当前年份。

5-11　5.2 扩展练习 2

（2）窗体中"报表输出"和"退出"按钮的功能是：单击"报表输出"按钮（名为"bt1"）后，将"退出"按钮标题变成红色（255），以预览方式打开报表"rEmp"；单击"退出"按钮（名为"bt2"），通过代码调用宏"mEmp"以关闭窗体。

3. 打开数据库文件"samp3.accdb"，在报表"rEmployee"中，请按以下要求补充相关事件代码。

5-12　5.2 扩展练习 3

（1）设置报表标题为引用标签"bTitle"的值，同时将其中英文内容部分大写输出。

（2）依据报表"聘用时间"字段值的情况，设置文本框"tStatus"的输出内容。具体规定是：截至2012年，聘用期在30年（含）以上的员工，输出"老员工"，否则输出"普通员工"。

5-13　5.2 扩展练习 4

4. 在数据库文件"samp4.accdb"中，按照以下要求补充"fQuery"和"fCount"窗体的设计。

（1）在"fQuery"窗体中，有一个"显示全部记录"命令按钮（名称为bList），单击该按钮后，应实现将"tStudent"表中的全部记录显示出来的功能；有一个"退出"按钮（名称为命令7），单击该按钮后关闭窗体。按照VBA代码中的指示将代码补充完整。

（2）在"fCount"窗体中，有两个列表框、一个文本框和一个命令按钮，名称分别为"List0""List1""tData"和"Cmd"。在"tData"文本框中输入一个数，单击"Cmd"按钮，程序将判断输入的值是奇数还是偶数，如果是奇数将填入"List0"列表中，否则填入"List1"列表中。根据以上描述，按照VBA代码中的指示将代码补充完整。

5. 在数据库"samp5"中，按照以下要求补充"fSys"窗体和"rStud"报表的设计：

（1）将"fSys"窗体中名称为"tPass"的文本框控件的内容以密码形式显示；将名称为"cmdEnter"的命令按钮从灰色状态设为可用；将控件的Tab移动次序设置为："tUser"→"tPass"→"cmdEnter"→"cmdQuit"。

5-14   5.2 扩展练习5

（2）试根据以下窗体功能和报表输出要求，补充已给事件代码，并运行调试。在窗体中有"用户名称"和"用户密码"两个文本框，名称分别为"tUser"和"tPass"，还有"确定"和"退出"两个命令按钮，名称分别为"cmdEnter"和"cmdQuit"。窗体加载时，重置"bTitle"标签的标题为"非团员人数为××"，这里××为从表查询计算得到；在输入用户名称和用户密码后，单击"确定"按钮，程序将判断输入的值是否正确，如果输入的用户名称为"csy"，用户密码为"1129"，则显示提示框，提示框标题为"欢迎"，显示内容为"密码输入正确，打开报表！"，单击"确定"按钮关闭提示框后，打开"rStud"报表，代码设置其数据源输出非团员学生信息；如果输入不正确，则提示框显示"密码错误！"，同时清除"tUser"和"tPass"两个文本框中的内容，并将光标移至"tUser"文本框中。当单击窗体上的"退出"按钮后，关闭当前窗体。以上涉及计数操作统一要求用"*"进行。

6.打开已有数据库 samp6，在该数据库中已有报表"rEmployee"，设置报表主体节区内文本框"tDept"的控件来源属性为计算控件。要求该控件可以根据报表数据源里的"所属部门"字段值，从非数据源表对象"tGroup"中检索出对应的部门名称并显示输出。(提示:考虑域聚合函数的使用。)

5-15   5.2 扩展练习6

注意:不允许修改数据库中的表对象"tEmployee"和"tGroup"及查询对象"qEmployee"；不允许修改报表对象"tEmployee"中未涉及的控件和属性；程序代码只允许在"*****Add***"与"*******Add*****"之间的空行内补充一行语句完成设计，不允许增删和修改其他位置已存在的语句。

【课后思考】

1. 试用Select Case语句完成【任务1】第2题。

2. 本窗体内对象的引用格式是什么？非本窗体的对象引用的格式又是什么？

3. 除For循环语句外还有哪几种循环语句？它们的区别是什么？

第 2 部分

公共基础知识

第6章 公共基础知识

6.1 基本数据结构与算法

6.1.1 什么是算法

1．算法的定义

算法是指解题方案的准确而完整的描述，简单地说，就是解决问题的操作步骤。算法不等于程序，也不是计算机方法，程序的编制不可能优于算法的设计。

2．算法的基本特征

（1）可行性。算法在特定的执行环境中执行应当能够得出满意的结果，即必须有一个或多个输出。一个算法，即使在数学理论上是正确的，但如果在实际的计算工具上不能执行，则该算法也是不具有可行性的。

（2）确定性。算法中每一步骤都必须有明确定义，不允许有模棱两可的解释，不允许有多义性。例如，在进行汉字读音辨认时，汉字"解"在"解放"中读作 jiě，它作为姓氏时却读作 xiè，这就是多义性，如果算法中存在多义性，计算机将无法正确执行。

（3）有穷性。算法必须能在有限的时间内做完，即能在执行有限个步骤后终止，包括合理的执行时间的含义；如果一个算法执行耗费的时间太长，即使最终得出了正确结果，也是没有意义的。

（4）拥有足够的情报。一般来说，算法在拥有足够的输入信息和初始化信息时才是有效的；当提供的情报不够时，算法可能无效。

3．算法的基本要素

一个算法由两种基本要素构成：一是对数据对象的运算和操作；二是算法的控制结构。

（1）算法中对数据的运算和操作。在一般的计算机系统中，基本运算和操作有以下4类：算术运算、逻辑运算、关系运算和数据传输。

（2）算法的控制结构。算法中各操作之间的执行顺序称为算法的控制结构。描述算法的工具通常有传统流程图、N-S结构化流程图、算法描述语言等。一个算法一般都可以用顺序结构、选择结构、循环结构3种基本控制结构组合而成。

4．算法基本设计方法

常用的算法设计方法有列举法、归纳法、递推法、递归法、减半递推技术和回溯法。

5．算法复杂度

一个算法的复杂度高低体现在运行该算法所需要计算机资源的多少，所需的资源越多，说明该算法的复杂度越高；反之，所需的资源越少，则该算法的复杂度越低。计算机的资源，最重要的是时间和空间（即存储器）资源。因此算法复杂度包括算法的时间复杂度和算法的空间复杂度。

（1）算法的时间复杂度。算法的时间复杂度是指执行算法所需要的计算工作量。值得注意的是：算法程序执行的具体时间和算法的时间复杂度并不是一致的。算法程序执行的具体时间受到所使用的计算机、程序设计语言以及算法实现过程中的许多细节影响。而算法的时间复杂度与这些因素无关。算法的计算工作量是用算法所执行的基本运算次数来度量的，而算法所执行的基本运算次数是问题规模（通常用整数n表示）的函数，即算法的工作量 $=f(n)$，其中n为问题的规模。

（2）算法的空间复杂度。算法的空间复杂度是指执行这个算法所需要的内存空间。算法执行期间所需的存储空间包括3部分：输入数据所占的存储空间、程序本身所占的存储空间以及算法执行过程中所需要的额外空间，其中，额外空间包括算法程序执行过程中的工作单元，以及某种数据结构所需要的附加存储空间。如果额外空间量相对于问题规模（即输入数据所占的存储空间）来说是常数，即额外空间量不随问题规模的变化而变化，则称该算法是原地（in place）工作的。为了降低算法的空间复杂度，主要应减少输入数据所占的存储空间以及额外空间，通常采用压缩存储技术。

6.1.2　数据结构的基本概念

1．什么是数据结构

数据结构研究的内容包括3方面。

（1）数据集合中各数据元素之间固有的逻辑关系，即数据的逻辑结构。

（2）在对数据进行处理时，各数据元素在计算机中的存储关系，即数据的存储结构。

（3）对各种数据结构进行的运算。

数据结构是指相互有关联的数据元素的集合，包含两个要素，即数据和结构。数据是需要处理的数据元素的集合，一般来说，这些数据元素，具有某个共同的特征。例如，早餐、午餐、晚餐这3个数据元素也有一个共同的特征，即它们都是一日三餐的名称，从而构成了一日三餐名的集合。

所谓结构，就是关系，是集合中各个数据元素之间存在的某种关系（或联系）。在数据处理领域中，通常把两两数据元素之间的关系用前后件关系（或直接前驱与直接后继关系）来描述。实际上，数据元素之间的任何关系都可以用前后件关系来描述。例如，在考虑一日三餐的时间顺序关系时，"早餐"是"午餐"的前件(或直接前驱)，而"午餐"是"早餐"的后件（或直接后继）；同样，"午餐"是"晚餐"的前件，"晚餐"是"午餐"的后件。

前后件关系是数据元素之间最基本的关系。

综上所述，数据结构是指相互有关联的数据元素的集合。换句话说，如果各个数据元素之间是有关联的，我们就说这个数据元素的集合是有"结构"的。

数据结构的两个要素——"数据"和"结构"是紧密联系在一起的,"数据"是有结构的数据,而不是无关联的、松散的数据;而"结构"是数据元素间的关系,是由数据的特性所决定的。

（1）数据的逻辑结构。

前面提到"结构"这个词时解释为关系。数据元素之间的关系可以分为逻辑关系和在计算机中存储时产生的位置关系两种。相应地,数据结构分为数据的逻辑结构和数据的存储结构。

由数据结构的定义得知,一个数据结构应包含以下两方面的信息。

① 表示数据元素的信息。

② 表示各数据元素之间的前后件关系的信息。

在此定义中,并没有考虑数据元素的存储,所以上述的数据结构实际上是数据的逻辑结构。

数据的逻辑结构指反映数据元素之间逻辑关系（即前后件关系）的数据结构。

（2）数据的存储结构。

数据的存储结构又称为数据的物理结构,是数据的逻辑结构在计算机存储空间中的存放方式。

由于数据元素在计算机存储空间中的位置关系可能与逻辑关系不同,因此,为了表示存储在计算机存储空间中的各数据之间的逻辑关系（即前后件关系）,在数据的存储结构中,不仅要存放各数据元素的信息,还需要存入各数据元素之间的前后件关系的信息。

各数据元素在计算机存储空间中的位置关系与它们的逻辑关系不一定是相同的。

例如,在前面提到的一日三餐的数据结构中,"早餐"是"午餐"的前件,"午餐"是"早餐"的后件,但在对它们进行处理时,在计算机存储空间中,"早餐"这个数据元素的信息不一定被存储在"午餐"这个数据元素信息的前面,可能在后面,也可能不是紧邻在前面,而是中间被其他的信息所隔开。

下面介绍两种最主要的数据存储方式。

① 顺序存储结构。顺序存储结构主要用于线性的数据结构,它把逻辑上相邻的数据元素存储在物理上相邻的存储单元里,结点之间的关系由存储单元的邻接关系来体现。

② 链式存储结构。链式存储结构就是在每个结点中至少包含一个指针域,用指针来体现数据元素之间在逻辑上的联系。

2. 数据结构的图形表示

数据元素之间最基本的关系是前后件关系。前后件关系,即每一个二元组,都可以用图形来表示。用中间标有元素值的方框表示数据元素,一般称为数据结点,简称为结点。对于每一个二元组,用一条有向线段从前件指向后件。

例如,一日三餐的数据结构可以用如图6-1（a）所示的图形来表示;又例如,军职数据结构可以用如图6-1（b）所示的图形来表示。

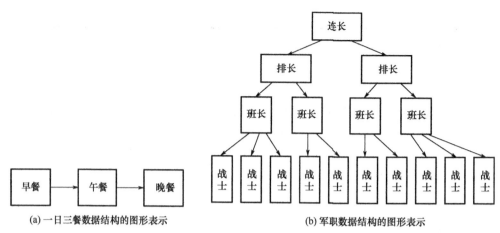

(a) 一日三餐数据结构的图形表示　　　　　　　(b) 军职数据结构的图形表示

图 6-1　数据结构的图形表示

用图形表示数据结构具有直观易懂的特点，在不引起歧义的情况下，前件结点到后件结点连线上的箭头可以省去。例如，树形结构中，通常都是用无向线段来表示前后件关系的。

由前后件关系还可引出以下3个基本概念，如表6-1所示。

表 6-1　结点基本概念

基本概念	含义	例子
根结点	数据结构中，没有前件的结点	在图6-1（a）中，"早餐"是根结点；在图6-1（b）中，"连长"是根结点
终端结点（或叶子结点）	没有后件的结点	在图6-1（a）中，"晚餐"是终端结点；在图6-1（b）中，"战士"是终端结点
内部结点	数据结构中，除了根结点和终端结点以外的结点，统称为内部结点	在图6-1（a）中，"午餐"是内部结点；在图6-1（b）中，"排长"和"班长"是内部结点

3．线性结构与非线性结构

如果一个数据结构中没有数据元素，则称该数据结构为空的数据结构。在只有一个数据元素的数据结构中，删除该数据元素，就得到一个空的数据结构。根据数据结构中各数据元素之间前后件关系的复杂程度，一般将数据结构划分为两大类型：线性结构和非线性结构，如表6-2所示。

表 6-2　线性结构与非线性结构

基本概念	含义	例子
线性结构	一个非空的数据结构满足以下两个条件：①有且只有一个根结点；②每一个结点最多有一个前件，也最多有一个后件	图6-1（a）一日三餐数据结构
非线性结构	不满足以上两个条件的数据结构就称为非线性结构，非线性结构主要是指树形结构和网状结构	图6-1（b）军职数据结构

6.1.3　线性表及其顺序存储结构

1．线性表的基本概念

（1）线性表的定义。

在数据结构中，线性结构习惯称为线性表，线性表是最简单也是最常用的一种数据结构。

线性表是n（n≥0）个数据元素构成的有限序列，表中除第一个元素外的每一个元素，有且只有一个前件，除最后一个元素外，有且只有一个后件。

（2）非空线性表的结构特征。

只有一个根结点，即结点a1，它无前件；有且只有一个终端结点，即结点an，它无后件。除根结点与终端结点外，其他所有结点有且只有一个前件，也有且只有一个后件。结点个数n称为线性表的长度，当n=0时，称为空表。

2．线性表的顺序存储结构

采用顺序存储是表示线性表最简单的方法，具体做法是：将线性表中的元素一个接一个地存储在一片相邻的存储区域中。这种顺序表示的线性表也称为顺序表。

顺序表具有以下两个基本特征。

（1）线性表中所有元素所占的存储空间是连续的。

（2）线性表中各数据元素在存储空间中是按逻辑顺序依次存放的。

在顺序表中，其前件、后件两个元素在存储空间中是紧邻的，且前件元素一定存储在后件元素的前面。

6.1.4　栈和队列

1．栈及其基本运算

（1）栈的定义。

栈（Stack）是一种特殊的线性表，它所有的插入与删除都限定在表的同一端进行。在栈中，一端是封闭的，既不允许插入元素，也不允许删除元素；另一端是开口的，允许插入和删除元素。

例如，枪械的子弹匣就可以用来形象地表示栈结构。如图6-2（a）所示，子弹匣的一端是完全封闭的，最后被压入弹匣的子弹总是最先被弹出，而最先被压入的子弹最后才能被弹出。

在栈中，允许插入与删除的一端称为栈顶，不允许插入与删除的另一端称为栈底。当栈中没有元素时，称为空栈。例如，没有子弹的子弹匣为空栈。

通常用指针top来指示栈顶的位置，用指针bottom来指向栈底。

假设$S=（a_1, a_2, …, a_n）$，则称a_1为栈底元素，a_n为栈顶元素。栈中元素按$a_1, a_2, …, a_n$的次序进栈，退栈的第一个元素应为栈顶元素a_n。图6-2(b)是栈的入栈、退栈示意图。

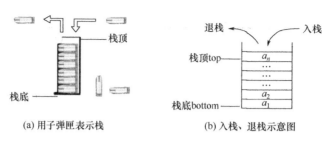

图 6-2　栈结构

（2）栈的特点。

① 栈顶元素总是最后被插入的元素，也是最早被删除的元素。

② 栈底元素总是最早被插入的元素，也是最晚才能被删除的元素。

③ 栈具有记忆作用。

④ 在顺序存储结构下，栈的插入与删除运算都不需要移动表中其他数据元素。

⑤ 栈顶指针top动态反映了栈中元素的变化情况。

栈的修改原则是"后进先出"（Last In First Out，LIFO）或"先进后出"（First In Last Out，FILO），因此，栈也称为"后进先出"表或"先进后出"表。

（3）栈的基本运算。

栈的基本运算有3种：入栈、退栈和读栈顶元素。

2．队列及其基本运算

（1）队列的定义。

① 队列（Queue）也是一种特殊的线性表。

② 队列是指允许在一端进行插入，而在另一端进行删除的线性表。

③ 在队列中，允许进行删除运算的一端称为队头（或排头），允许进行插入运算的一端称为队尾。习惯上称往队列的队尾插入一个元素为入队运算，称从队列的队头删除一个元素为退队运算。队列是"先进先出"（First In First Out，FIFO）或"后进后出"（Last In Last Out，LILO）的线性表。

例如，火车进隧道，最先进隧道的是火车头，最后进的是火车尾，而火车出隧道的时候也是火车头先出，最后出的是火车尾。

（2）队列的运算。

往队列的队尾插入一个元素称为入队运算，从队列的排头删除一个元素称为退队运算。

（3）循环队列及其运算。

循环队列是队列的一种顺序存储结构，用队尾指针rear指向队列中的队尾元素，用排头指针front指向排头元素的前一个位置，因此，从排头指针front指向的后一个位置直到队尾指针rear指向的位置之间所有的元素均为队列中的元素。

循环队列的基本运算主要有两种：入队运算与退队运算。

循环队列：$s=0$表示队列空，$s=1$且front=rear表示队列满。

6.1.5 线性链表

（1）线性链表的基本概念。

线性表链式存储结构的特点是，用一组不连续的存储单元存储线性表中的各个元素。因为存储单元不连续，数据元素之间的逻辑关系，就不能依靠数据元素存储单元之间的物理关系来表示。为了表示每个元素与其后继元素之间的逻辑关系，每个元素除了需要存储自身的信息外，还要存储一个指示其后件的信息（即后件元素的存储位置）。

线性表链式存储结构的基本单位称为存储结点，每个存储结点包括两个组成部分：数据域，存放数据元素本身的信息。指针域，存放一个指向后件结点的指针，即存放下一个数据元素的存储地址。

所谓线性链表，就是指线性表的链式存储结构，简称链表。由于这种链表中，每个结点只有一个指针域，故又称为单链表。

在链式存储结构中，存储数据结构的存储空间可以不连续，各数据结点的存储顺序与数据元素之间的逻辑关系可以不一致，而数据元素之间的逻辑关系是由指针域来确定的。

链式存储方式既可用于表示线性结构，也可用于表示非线性结构。

线性链表，HEAD称为头指针，HEAD=NULL（或0）称为空表。

前面提到，这样的线性链表中，每个存储结点只有一个指针域，称为单链表。在实际应用中，有时还会用到每个存储结点有两个指针域的链表，一个指针域存放前件的地址，称为左指针（Llink），一个指针域存放后件的地址，称为右指针（Rlink）。这样的线性链表称为双向链表。双向链表的第一个元素的左指针为空，最后一个元素的右指针为空。

在单链表中，只能顺指针向链尾方向进行扫描，由某一个结点出发，只能找到它的后件，若要找出它的前件，必须从头指针开始重新寻找。而在双向链表中，由于为每个结点设置了两个指针，从某一个结点出发，可以很方便地找到其他任意一个结点。

（2）带链的栈。

栈可以采用链式存储结构表示，把栈组织成一个单链表。这种数据结构可称为带链的栈。

（3）带链的队列。

与栈类似，队列也可以采用链式存储结构表示。带链的队列就是用一个单链表来表示队列，队列中的每一个元素对应链表中的一个结点。

（4）顺序表和链表的比较。

线性表的顺序存储结构，称为顺序表。其特点是用物理存储位置上的邻接关系来表示结点间的逻辑关系。

线性表的链式存储结构称为线性链表，简称链表。其特点是每个存储结点都包括数据域和指针域，用指针表示结点间的逻辑关系。两者的优缺点如表6-3所示。

表 6-3　顺序表和链表的优缺点比较

类型	优点	缺点
顺序表	①可以随机存取表中的任意结点 ②无须为表示结点间的逻辑关系额外增加存储空间	①顺序表的插入和删除运算效率很低 ②顺序表的存储空间不便于扩充 ③顺序表不便于对存储空间的动态分配
链表	①在进行插入和删除运算时,只需要改变指针即可,不需要移动元素 ②链表的存储空间易于扩充并且方便空间的动态分配	需要额外的空间(指针域)来表示数据元素之间的逻辑关系,存储密度比顺序表低

（5）线性链表的基本运算。

对线性链表进行的运算主要包括查找、插入、删除、合并、分解、逆转、复制和排序。

6.1.6　树与二叉树

1．树的基本概念

树（Tree）是一种简单的非线性结构，直观地来看，树是以分支关系定义的层次结构。由于它呈现与自然界的树类似的结构形式，所以称它为树。树结构在客观世界中是大量存在的。

（1）父结点（根）：在树结构中，每一个结点只有一个前件，称为父结点，没有前件的结点只有一个，称为树的根结点，简称树的根。

（2）子结点和叶子结点：在树结构中，每一个结点可以有多个后件，称为该结点的子结点；没有后件的结点称为叶子结点。

（3）度：在树结构中，一个结点所拥有的后件个数称为该结点的度，所有结点中最大的度称为树的度。

（4）深度：定义一棵树的根结点所在的层次为1，其他结点所在的层次等于它的父结点所在的层次加1。树的最大层次，称为树的深度。

（5）子树：在树中，以某结点的一个子结点为根构成的树，称为该结点的一棵子树。

2．二叉树及其基本性质

1）二叉树的定义

二叉树是一个有限的结点集合，该集合或者为空，或者由一个根结点及其两棵互不相交的左、右二叉子树所组成。

（1）二叉树的特点：①二叉树可以为空，空的二叉树没有结点，非空二叉树有且只有一个根结点；②每个结点最多有两棵子树，即二叉树中不存在度大于2的结点；③二叉树的子树有左右之分，其次序不能任意颠倒。

（2）二叉树的每个结点可以有两棵子二叉树，分别简称为左子树和右子树。因为二叉树可以为空，所以二叉树中的结点可能没有子结点，可能只有一个左子结点，或只有一个右子结点，也可能同时有左右两个子结点。

（3）在二叉树中，当一个非根结点的结点，既没有右子树，也没有左子树时，该结点即是叶子结点。

2）满二叉树和完全二叉树

满二叉树是指除最后一层外，每一层上的所有结点都有两个子结点，则 k 层上有 2^{k-1} 个结点，深度为 m 的满二叉树有 2^m-1 个结点。

完全二叉树是指除最后一层外，每一层上的结点数均达到最大值，在最后·层上只缺少右边的若干结点。

3）二叉树的基本性质

（1）在二叉树的第 k 层上，最多有 2^{k-1}（$k \geq 1$）个结点。

（2）深度为 m 的二叉树最多有 2^m-1 个结点。

（3）度为0的结点（即叶子结点）总是比度为2的结点多一个；$N=N_0+N_1+N_2$；

$N_0=N_2+1$，（N 代表结点总数，N_0 代表度为0的结点个数，N_1 代表度为1的结点个数，N_2 代表度为2的结点个数）。

（4）具有 n 个结点的二叉树，其深度至少为 $[\log_2 n]+1$，其中 $[\log_2 n]$ 表示取 $\log_2 n$ 的整数部分。

（5）具有 n 个结点的完全二叉树的深度为 $[\log_2 n]+1$。

（6）设完全二叉树共有 n 个结点。如果从根结点开始，按层序（每一层从左到右）用自然数1，2，…，n 给结点进行编号（$k=1$，2，…，n），有以下结论：

①若 $k=1$，则该结点为根结点，它没有父结点；若 $k>1$，则该结点的父结点编号为INT（$k/2$）。

②若 $2k \leq n$，则编号为 k 的结点的左子结点编号为 $2k$；否则该结点无左子结点（也无右子结点）。

③若 $2k+1 \leq n$，则编号为 k 的结点的右子结点编号为 $2k+1$；否则该结点无右子结点。

3．二叉树的存储结构

二叉树存储结构采用链式存储结构，对于满二叉树与完全二叉树可以按层序进行顺序存储。

4．二叉树的遍历

（1）前序遍历（DLR）。前序遍历中"前"的含义是：访问根结点在访问左子树和访问右子树之前，即首先访问根结点，然后遍历左子树，最后遍历右子树；并且在遍历左子树和右子树时，仍然先访问根结点，然后遍历左子树，最后遍历右子树。

（2）中序遍历（LDR）。中序遍历中"中"的含义是：访问根结点在访问左子树和访问右子树两者之间，即首先遍历左子树，然后访问根结点，最后遍历右子树；并且在遍历左子树和右子树时，仍然首先遍历左子树，然后访问根结点，最后遍历右子树。

（3）后序遍历（LRD）。后序遍历中"后"的含义是：访问根结点在访问左子树和访问右子树之后，即首先遍历左子树，然后遍历右子树，最后访问根结点；并且在遍历左子树和右子树时，仍然首先遍历左子树，然后遍历右子树，最后访问根结点。

6.1.7 查找技术

1．顺序查找

顺序查找（顺序搜索）是最简单的查找方法，它的基本思想是从线性表的第一个元素开始，逐个将线性表中的元素与被查元素进行比较，若相等，则查找成功，停止查找；若整个线性表扫描完毕，仍未找到与被查元素相等的元素，则表示线性表中没有要查找的元素，查找失败。顺序查找最坏的情况下比较次数为n次。

顺序查找法虽然效率很低，但在以下两种情况中，它是查找运算唯一的选择。

（1）线性表为无序表（即表中的元素是无序的），则不管是顺序存储，还是链式存储结构，都只能用顺序查找。

（2）即使线性表是有序的，如果采用链式存储结构，也只能用顺序查找。

2．二分法查找

二分法查找也称折半查找，是一种高效的查找方法。能使用二分法查找的线性表必须满足两个条件：

（1）用顺序存储结构。

（2）线性表是有序表。

二分法查找只适用于顺序存储的有序表，对于长度为n的有序线性表，最坏情况只需比较$\log_2 n$次。

6.1.8 排序技术

所谓排序，是指将一个无序序列整理成按值非递减顺序排列的有序序列。

1．交换类排序法

（1）冒泡排序法，最坏情况需要比较的次数为$n(n-1)/2$。

（2）快速排序法，最坏情况需要比较的次数为$n(n-1)/2$。

2．插入类排序法

（1）简单插入排序法，最坏情况需要$n(n-1)/2$次比较。

（2）希尔排序法，最坏情况需要$n^{1.5}$次比较。

3．选择类排序法

（1）简单选择排序法，最坏情况需要$n(n-1)/2$次比较。

（2）堆排序法，最坏情况需要$n\log_2 n$次比较。

6.2　程序设计基础

6.2.1　程序设计方法与风格

1．程序设计方法

程序设计是指设计、编制、调试程序的方法和过程。程序设计方法是研究问题求解如何进行系统构造的软件方法学。常用的程序设计方法有结构化程序设计方法、软件工程方法和面向对象方法。

2．程序设计风格

"清晰第一、效率第二"是当今主导的程序设计风格，具体表现方式如下。

（1）源程序文档化。

（2）数据说明的方法。

（3）语句的结构。

（4）输入和输出。

6.2.2　结构化程序设计

1．结构化程序设计的原则

（1）自顶向下：程序设计时，应先考虑总体，后考虑细节；先考虑全局目标，后考虑局部目标。

（2）逐步求精：将复杂问题细化，细分为逐个小问题依次求解。

（3）模块化：把程序要解决的总目标分解为分目标，再进一步分解为具体的小目标，把每个小目标称为一个模块。

（4）限制使用goto语句。

2．结构化程序的基本结构和特点

（1）顺序结构：是一种简单的程序设计结构，顺序结构自始至终严格按照程序中语句的先后顺序逐条执行，是最基本、最普遍的结构形式。

（2）选择结构：又称分支结构，包括简单选择和多分支选择结构，可根据条件判断应该选择哪一条分支来执行相应的语句序列。

（3）循环结构：又称重复结构，它根据给定的条件，判断是否需要重复执行某一相同的或类似的程序段。

6.2.3 面向对象的程序设计

1．面向对象方法的优点

（1）与人类习惯的思维方法一致。

（2）稳定性好。

（3）可重用性好。

（4）易于开发大型软件产品。

（5）可维护性好。

2．面向对象方法的基本概念

1）对象

对象是面向对象方法中最基本的概念，用来表示客观世界中的任何实体，是实体的抽象。面向对象的程序设计方法中的对象是系统中用来描述客观事物的一个实体，是构成系统的一个基本单位，由一组表示其静态特征的属性和它可执行的一组操作组成。属性即对象所包含的信息，操作描述了对象执行的功能，操作也称为方法或服务。对象的基本特点如下。

（1）标识唯一性：指对象是可区分的，并且由对象的内在本质来区分。

（2）分类性：指可以将具体相同属性和操作的对象抽象成类。

（3）多态性：指同一个操作可以是不同对象的行为。

（4）封装性：指从外面不能直接使用对象的处理能力，也不能直接修改其内部状态，对象的内部状态只能由其自身改变模块的独立性。

（5）模块独立性好。

2）类

类是指具有共同属性、共同方法的对象的集合，是关于对象的抽象描述，所以类是对象的抽象，对象是对应类的一个实例。

3）实例

实例是指一个具体对象，是其对应类的一个实例。

4）消息

消息是一个实例与另一个实例之间传递的信息，它请求对象执行某一处理或回答某一要求的信息，它统一了数据流和控制流。

5）继承

使用已有的类定义作为基础建立新类的定义技术。一个子类可以直接继承其父类的全部描述（数据和操作），这些属性和操作在子类中不必定义，此外，子类还可以定义它自己的属性和操作。

6）多态性

对象根据所接受的消息而做出动作，同样的消息被不同的对象接受时可导致完全不同的行动，该现象称为多态性。

6.3 软件工程基础

6.3.1 软件工程基本概念

1．软件定义与软件特点

计算机软件是由程序、数据及相关文档构成的完整集合，它与计算机硬件一起组成计算机系统。其中，程序和数据是机器可执行的，文档是机器不可执行的。软件的特点如下。

（1）软件是一种逻辑实体，具有抽象性。

（2）软件的生产与硬件不同，它没有明显的制作过程。

（3）软件在运行、使用期间不存在磨损、老化问题。

（4）软件的开发、运行对计算机系统具有依赖性，受计算机系统的限制，这导致了软件移植的问题。

（5）软件复杂性高，成本昂贵。

（6）软件开发涉及诸多的社会因素。

2．软件的分类

软件按功能分为应用软件、系统软件、支撑软件（或工具软件）。

（1）应用软件：为了应用于特定的领域而开发的软件。

（2）系统软件：是管理计算机的资源，提高计算机的使用效率，为用户提供各种服务的软件。

（3）支撑软件：介于系统软件和应用软件之间，协助用户开发软件的工具型软件，其中包括协助程序人员开发和维护软件产品的工具软件，也包括协助管理人员控制开发进程和项目管理的工具软件。

3．软件危机

软件危机是指在计算机软件的开发和维护中遇到的一系列严重问题。软件危机主要表现在成本、质量、生产率等问题。

4．软件工程

软件工程是应用于计算机软件的定义、开发和维护的一整套方法、工具、文档、实践标准和工序，包括软件开发技术和软件工程管理。软件工程包括 3 个要素：方法、工具和过程。方法是完成软件工程项目的技术手段；工具支持软件的开发、管理、文档生成；过程支持软件开发的各个环节的控制、管理。

5．软件过程

软件过程是把输入转化为输出的一组彼此相关的资源和活动。软件过程是为了获得高质量软件所需要完成的一系列任务的框架，它规定了完成各项任务的工作步骤。软件过程所进行的基本活动主要有软件规格说明、软件开发或软件设计与实现、软件确认、软件演进。

6．软件生命周期

软件开发应遵循软件的生命周期。通常把软件产品从提出、实现、使用、维护到停止使用的过程称为软件生命周期。软件生命周期分为 3 个时期（软件定义时期、软件开发时期、运行维护时期）共 8 个阶段。

（1）问题定义：确定要解决的问题是什么。

（2）可行性研究：决定该问题是否存在一个可行的解决办法，制定完成开发任务的实施计划。

（3）需求分析：对待开发软件提出的需求进行分析并给出详细定义。编写软件规格说明书及初步的用户手册，提交评审。

（4）软件设计：通常又分为概要设计和详细设计两个阶段，给出软件的结构、模块的划分、功能的分配以及处理流程。软件设计阶段提交评审的文档有概要设计说明书、详细设计说明书和测试计划初稿。

（5）软件实现：在软件设计的基础上编写程序。该阶段完成的文档有用户手册、操作手册等面向用户的文档，以及为下一步做准备而编写的单元测试计划。

（6）软件测试：在设计测试用例的基础上，检验软件的各个组成部分，编写测试分析报告。

（7）运行维护：将已交付的软件投入运行，同时不断地维护，进行必要而且可行的扩充和删改。

7．软件工程的目标和原则

1）软件工程的目标

在给定成本、进度的前提下，开发出具有有效性、可靠性、可理解性、可维护性、可重用性、可适应性、可移植性、可追踪性和可互操作性且满足用户需求的产品。

2）软件工程的原则

软件工程的基本原则包括：抽象、信息隐蔽、模块化、局部化、确定性、一致性、完备性和可验证性。

6.3.2　需求分析及其方法

1．需求分析

1）需求分析相关概念

需求分析的任务是发现需求、求精、建模和定义需求的过程。需求分析将创建所需的数据模型、功能模型和控制模型。

需求分析阶段的工作可以分为 4 个方面：需求获取、需求分析、编写需求规格说明书和需求评审。

2）需求规格说明书

软件需求规格说明书是需求分析阶段的最后成果。软件需求规格说明书应重点描述软件的目标，软件的功能需求、性能需求、外部接口、属性及约束条件。

软件需求规格说明书的特点包括：正确性、无歧义性、完整性、可验证性、一致性、可理解性、可修改性和可追踪性。

3）需求分析方法

需求分析方法可以分为结构化分析方法和面向对象分析方法两大类。

（1）结构化分析方法：主要包括面向数据流的结构化分析方法、面向数据结构的Jackson系统开发方法和面向数据结构的结构化数据系统开发方法。

（2）面向对象分析方法：面向对象分析是面向对象软件工程方法的第一个环节，包括一套概念原则、过程步骤、表示方法、提交文档等规范要求。

另外，从需求分析建模的特性来划分，需求分析方法还可以分为静态分析方法和动态分析方法。

2．结构化分析方法的常用工具

结构化分析是使用数据流图（DFD）、数据字典（DD）、判定树和判定表等工具来建立一种结构化规格说明的目标文档。

（1）数据流图：描述数据处理过程的工具，是需求理解的逻辑模型的图形表示，它直接支持系统功能建模。数据流图从数据传递和加工的角度来刻画数据流从输入到输出的移动变换过程。

建立数据流图的步骤：由外向里，自顶向下，逐层分解，完善求精。数据流图的主要图形元素如下。

①椭圆：代表加工（转换）。输入数据经加工变换产生输出。

②箭头：代表数据流。沿箭头方向传送数据的通道，一般在旁边标注数据流名。

③双横线：代表存储文件（数据）。表示处理过程中存入各种数据的文件。

④矩形：代表源、潭。表示系统和环境的接口，属系统之外的实体。

（2）数据字典：是结构化分析的核心。数据字典是对所有与系统相关的数据元素的一个有组织的列表，以及精确的、严格的定义，使得用户和系统分析员对于输入、输出、存储成分和中间计算结果有共同的理解。概括地说，数据字典是对数据流图中出现的被命名的图形元素的确切解释。

（3）判定树：从问题定义的文字描述中分清哪些是判定的条件，哪些是判定的结论，根据描述材料中的连接词找出判定条件之间的从属关系、并列关系、选择关系，根据它们构造判定树。

（4）判定表：与判定树相似，当数据流图中的加工要依赖于多个逻辑条件的取值，即完成该加工的一组动作是由于某一组条件取值的组合而引发的，使用判定表描述比较适宜。

6.3.3 软件设计及其方法

1．软件设计的基本概念

软件设计的基本目标是用比较抽象概括的方式确定目标系统如何完成预定的任务，也就是说，软件设计是确定系统的物理模型。

软件设计是开发阶段最重要的步骤，从工程管理的角度来看可分为两步：概要设计和详细设计。从技术观点来看，软件设计包括软件结构设计、数据设计、接口设计、过程设计 4个步骤。

将软件按功能分解为组成模块，是概要设计的主要任务。划分模块要本着提高独立性的原则。模块独立性的高低是设计好坏的关键，而设计又是决定软件质量的关键环节。模块的独立程度可以由两个定性标准度量：耦合性和内聚性。

（1）耦合性衡量不同模块彼此间相互依赖（连接）的紧密程度。

（2）内聚性衡量一个模块内部各个元素彼此结合的紧密程度。

模块的内聚性越高，模块间的耦合性就越低，可见模块的耦合性和内聚性是相互关联的。因此，好的软件设计，应尽量做到高内聚、低耦合。

2．概要设计

1）概要设计的任务

概要设计又称总体设计，软件概要设计的基本任务如下。

（1）设计软件系统结构。

（2）数据结构及数据库设计。

（3）编写概要设计文档。概要设计阶段的文档有概要设计说明书、数据库设计说明书和集成测试计划等。

（4）概要设计文档评审。

2）结构图

在概要设计中，常用的软件结构设计工具是结构图（Stucture Chart，SC），也称为程序结构图。它反映了整个系统的功能实现以及模块与模块之间的联系。其图形元素如下。

（1）矩形表示一般模块。

（2）箭头表示模块间的调用关系。在结构图中还可以用带注释的箭头表示模块调用过程中来回传递的信息。

（3）带实心圆的箭头表示传递的是控制信息。

（4）空心圆箭心表示传递的是数据。

结构图术语包括以下内容。

（1）深度：表示控制的层数。

（2）宽度：最大模块数层的控制跨度。

（3）扇入：调用一个给定模块的模块个数。

（4）扇出：由一个模块直接调用的其他模块个数。好的软件设计结构通常顶层高扇出，中间扇出较少，底层高扇入。

3．详细设计

1）详细设计的任务

详细设计的任务是为软件结构图中的每一个模块确定实现算法和局部数据结构，用某种选定的表达工具表示算法和数据结构的细节。

2）详细设计的工具

（1）图形工具：程序流程图（PDF）、N-S、PAD（问题分析图）、HIPO。

（2）表格工具：判定表。

（3）语言工具：PDL（伪码）。

6.3.4 软件测试

1．软件测试的目的和准则

1）测试的目的

软件测试是为了发现错误而执行程序的过程。一个好的测试用例是指很可能找到至今尚未发现的错误的用例；一个成功的测试是发现了至今尚未发现的错误的测试。

2）测试的准则

（1）所有测试都应追溯到用户需求。

（2）严格执行测试计划，排除测试的随意性。

（3）充分注意测试中的群集现象。

（4）程序员应避免检查自己的程序。

（5）穷举测试不可能。

（6）妥善保存测试计划、测试用例、出错统计和最终分析报告，为维护提供方便。

2．软件测试方法

软件测试具有很多方法，根据软件是否需要被执行，可以分为静态测试和动态测试；如果按照功能划分，可以分为白盒测试和黑盒测试。

1）静态测试和动态测试

（1）静态测试：包括代码检查、静态结构分析、代码质量度量等。不实际运行软件，主要通过人工进行分析。

（2）动态测试：动态测试技术就是通常所说的上机测试，通过运行软件来检验软件中的动态行为和运行结果的正确性。

2）白盒测试和黑盒测试

（1）白盒测试：白盒测试是把程序看成装在一只透明的白盒子里，测试者完全了解程序的结构和处理过程。它根据程序的内部逻辑来设计测试用例，检查程序中的逻辑通路是否都按预定的要求正确工作。白盒测试的主要技术有逻辑覆盖测试、基本路径测试等。其中逻辑覆盖测试又分为语句覆盖、路径覆盖、判定覆盖、条件覆盖和判断-条件覆盖。

（2）黑盒测试：黑盒测试又称功能测试或数据驱动测试，着重测试软件功能，是把程序看成一只黑盒子，测试者完全不了解，或者不考虑程序的结构和处理过程。它根据规格说明书的功能来设计测试用例，检查程序的功能是否符合规格说明的要求。常用的黑盒测试方法和技术有等价类划分法、边界值分析法、错误推测法和因果图等。

3．软件测试的实施

软件测试的实施过程主要有 4 个步骤：单元测试、集成测试、确认测试（验收测试）和系统测试。

（1）单元测试：单元测试也称模块测试，模块是软件设计的最小单位，单元测试是对模块进行正确性的检验，以期尽早发现各模块内部可能存在的各种错误。

（2）集成测试：集成测试也称组装测试，它是对各模块按照设计要求组装成的程序进行测试，主要目的是发现与接口有关的错误（系统测试与此类似）。

（3）确认测试：确认测试的任务是检查软件的功能、性能及其他特征是否与用户的需求一致，它是以需求规格说明书作为依据的测试。确认测试通常采用黑盒测试。

（4）系统测试：在确认测试完成后，把软件系统整体作为一个元素，与计算机硬件、支撑软件、数据、人员和其他计算机系统的元素组合在一起，在实际运行环境下对计算机系统进行一系列的集成测试和确认测试，这样的测试称为系统测试。

6.3.5 程序的调试

1．程序调试的基本概念

调试（也称为 Debug，排错）是作为成功测试之后而进行的步骤，也就是说，调试是在测试发现错误之后排除错误的过程。程序调试的任务是诊断和改正程序中的错误。

程序调试活动由两部分组成：

（1）根据错误的迹象确定程序中错误的确切性质、原因和位置。

（2）对程序进行改进，排除这个错误。

程序调试的基本步骤：

（1）错误定位。

（2）修改设计和代码，以排除错误。

（3）进行回归测试，防止引进新的错误。

2．软件调试方法

调试从是否跟踪和执行程序的角度，分为静态调试和动态调试。静态调试是主要的调试手段，是指通过人的思维来分析源程序代码和排错，而动态调试是辅助静态调试的。主要调试方法有：强行排错法、回溯法、原因排除法。

6.4 数据库设计基础

6.4.1 数据库系统的基本概念

1．数据库、数据库管理系统与数据库系统

1）数据

数据（Data）是描述事物的符号记录。

数据的特点：有一定的结构，有型与值之分，如整型、实型、字符型等。数据的值给出了符合定型的值，如整型值 15。

2）数据库

数据库（Database，DB）是长期储存在计算机内、有组织的、可共享的大量数据的集合，它具有统一的结构形式并存放于统一的存储介质内，是多种应用数据的集成，并可被各个应用程序所共享，所以数据库技术的根本目标是解决数据共享问题。数据库存放数据是按数据所提供的数据模式存放的，具有集成与共享的特点。

3）数据库管理系统

数据库管理系统（Database Management System，DBMS）是数据库的机构，它是一种系统软件，负责数据库中的数据组织、数据操作、数据维护、控制及保护和数据服务等。

数据库管理系统是数据库系统的核心，它位于用户与操作系统之间，从软件分类的角度来说，属于系统软件。

数据库管理系统功能如下：

（1）数据模式定义：即为数据库构建其数据框架。

（2）数据存取的物理构建：为数据模式的物理存取与构建提供有效的存取方法与手段。

（3）数据操纵：为用户使用数据库的数据提供方便，如查询、插入、修改、删除以及简单的算术运算、统计。

（4）数据的完整性、安全性定义与检查。

（5）数据库的并发控制与故障恢复。

（6）数据的服务：如拷贝、转存、重组、性能监测、分析等。

为完成以上6个功能，数据库管理系统提供以下的数据语言。

（1）数据定义语言：负责数据的模式定义与数据的物理存取构建。

（2）数据操纵语言：负责数据的操纵，如查询与增、删、改等。

（3）数据控制语言：负责数据完整性、安全性的定义与检查以及并发控制、故障恢复等功能。

4）数据库管理员

由于数据库的共享性，数据库的规划、设计、维护、监视等需要有专人管理，称它们为数据库管理员。其主要工作是数据库设计、数据库维护、改善系统性能，提高系统效率。

5）数据库系统

数据库系统由数据库（数据）、数据库管理系统（软件）、数据库管理员（人员）、硬件平台（硬件）、软件平台（软件）5部分构成的运行实体。

6）数据库应用系统

在数据库系统的基础上，如果使用数据库管理系统（DBMS）软件和数据库开发工具书写出应用程序，用相关的可视化工具开发出应用界面，就构成了数据库应用系统（Database Application System，DBAS）。

2．数据库系统的发展

数据管理技术的发展经历了3个阶段：人工管理阶段、文件系统阶段和数据库系统阶段。

关于数据管理3个阶段中的软硬件背景及处理特点，简单概括如表6-4所示。

表 6-4　数据管理 3 个阶段的比较

<table>
<tr><td colspan="2"></td><td>人工管理阶段</td><td>文件系统阶段</td><td>数据库系统阶段</td></tr>
<tr><td rowspan="4">背景</td><td>应用目的</td><td>科学计算</td><td>科学计算、管理</td><td>大规模管理</td></tr>
<tr><td>硬件背景</td><td>无直接存取设备</td><td>磁盘、磁鼓</td><td>大容量磁盘</td></tr>
<tr><td>软件背景</td><td>无操作系统</td><td>有文件系统</td><td>有数据库管理系统</td></tr>
<tr><td>处理方式</td><td>批处理</td><td>联机实时处理、批处理</td><td>分布处理、联机实时处理和批处理</td></tr>
<tr><td rowspan="6">特点</td><td>数据管理者</td><td>人</td><td>文件系统</td><td>数据库管理系统</td></tr>
<tr><td>数据面向的对象</td><td>某个应用程序</td><td>某个应用程序</td><td>现实世界</td></tr>
<tr><td>数据共享程度</td><td>无共享，冗余度大</td><td>共享性差，冗余度大</td><td>共享性大，冗余度小</td></tr>
<tr><td>数据的独立性</td><td>不独立，完全依赖于程序</td><td>独立性差</td><td>具有高度的物理独立性和一定的逻辑独立性</td></tr>
<tr><td>数据的结构化</td><td>无结构</td><td>记录内有结构，整体无结构</td><td>整体结构化，用数据模型描述</td></tr>
<tr><td>数据控制能力</td><td>应用程序控制</td><td>应用程序控制</td><td>由DBMS提供数据安全性、完整性、并发控制和恢复</td></tr>
</table>

3．数据库系统的基本特点

数据库系统的数据独立性是指数据库中的数据独立于应用程序而不依赖于应用程序，即数据的逻辑结构、存储结构与存取方式的改变不会影响应用程序。数据的独立性一般分为物理独立性与逻辑独立性两种。

（1）物理独立性：当数据的物理结构（包括存储结构、存取方式等）改变时，如存储设备的更换、物理存储的更换、存取方式改变等，应用程序都不用改变。

（2）逻辑独立性：数据的逻辑结构改变了，如修改数据模式、增加新的数据类型、改变数据间联系等，用户程序都可以不变。

4．数据库系统的内部体系结构

1）数据库系统的三级模式

（1）概念模式：也称为模式，是数据库系统中全局数据逻辑结构的描述，是全体用户（应用）公共数据视图。一个数据库只有一个概念模式。

（2）外模式：也称子模式或者用户模式，它是数据库用户能够看见和使用的局部数据的逻辑结构和特征的描述，它是由概念模式推导出来的，是数据库用户的数据视图，是与某一应用有关的数据的逻辑表示。一个概念模式可以有若干个外模式。

（3）内模式：也称物理模式，它给出了数据库物理存储结构与物理存取方法，是数据在数据库内部的表示方式。

内模式处于最底层，它反映了数据在计算机物理结构中的实际存储形式；概念模式处于中间层，它反映了设计者的数据全局逻辑要求；外模式处于最外层，它反映了用户对数据的要求。

2）数据库系统的两级映射

两级映射保证了数据库系统中的数据具有较高的逻辑独立性和物理独立性。

（1）概念模式到内模式的映射：该映射给出了概念模式中数据的全局逻辑结构到数据的物理存储结构间的对应关系。

（2）外模式到概念模式的映射：概念模式是一个全局模式，而外模式是用户的局部模式。一个概念模式中可以定义多个外模式，每个外模式是概念模式的一个基本视图。

6.4.2 数据模型

1．数据模型的概念

数据模型（Data Model）是对数据特征的抽象，从抽象层次上描述了系统的静态特征、动态行为和约束条件，为数据库系统的信息表示与操作提供了一个抽象的框架。通俗来讲，数据模型就是对现实世界的模拟、描述或表示，建立数据模型的目的是建立数据库来处理数据，描述了数据结构、数据操作及数据约束。

数据库管理系统所支持的数据模型分为三种：层次模型、网状模型和关系模型。各数据模型的特点如表6-5所示。

表 6-5　各数据模型的特点

数据模型种类	主要特点
层次模型	用树形结构表示实体及其之间联系的模型称为层次模型，上级结点与下级结点之间为一对多的联系
网状模型	用网状结构表示实体及其之间联系的模型称为网状模型，网中的每一个结点代表一个实体类型，允许结点有多于一个的父结点，可以有一个以上的结点没有父结点
关系模型	用二维表结构来表示实体以及实体之间联系的模型称为关系模型，在关系模型中把数据看成是二维表中的元素，一张二维表就是一个关系

2．E-R模型

E-R模型是广泛使用的概念模型。它采用了3个基本概念：实体、属性和联系。

1）E-R模型的基本概念

（1）实体：指客观存在并且可以相互区别的事物。实体可以是一个实际的事物，如一本书、一间教室等；实体也可以是一个抽象的事件，如一场演出、一场比赛等。

（2）属性：描述实体的特性称为属性。例如，一个学生可以用学号、姓名、出生年月等来描述。

（3）联系：实体之间的对应关系称为联系，它反映了现实世界事物之间的相互关联。实体间联系的种类是指一个实体型中可能出现的每一个实体和另一个实体型中有多少个具体实体存在联系，可归纳为三种类型：一对一的联系、一对多或多对一的联系、多对多的联系。

2）E-R图

E-R模型用E-R图来表示，有如下表示方法。

（1）实体集表示法：在 E-R 图中用矩形表示实体集，在矩形内写上该实体集的名称。

（2）属性表示法：在 E-R 图中用椭圆形表示属性，在椭圆形内写上该属性的名称。

（3）联系表示法：在 E-R 图中用菱形表示联系，在菱形内写上该联系的名称。

3．关系模型

关系模式采用二维表来表示，一个关系对应一张二维表。可以这么说，一个关系就是一张二维表，但是一张二维表不一定是一个关系。

（1）元组：在一张二维表（一个具体关系）中，水平方向的行称为元组。元组对应存储文件中的一个具体记录。

（2）属性：二维表中垂直方向的列称为属性，每一列有一个属性名。

（3）域：属性的取值范围，也就是不同元组对同一属性的取值所限定的范围。

在二维表中唯一标识元组的最小属性值称为该表的键或码。二维表中可能有若干个键，它们称为表的候选码或候选键。从二维表的所有候选键中选取一个作为用户使用的键称为主键或主码。表A中的某属性集是某表B的键，则称该属性值为A的外键或外码。

（4）关系操纵：包括数据查询、数据删除、数据插入、数据修改。

（5）关系模型允许定义三类数据约束：实体完整性约束、参照完整性约束以及用户定义的完整性约束。

6.4.3　关系代数

关系代数就是关系与关系之间的运算。在关系代数中，进行运算的对象都是关系，运算的结果也是关系（即表）。

1．关系模型的基本运算

关系模型的基本运算包括并、差、交、广义笛卡儿积、投影、选择、连接、除。关系是有序组的集合，可将关系操作看成是集合的运算。

2．并、差、交

（1）并运算：设有两个关系R和S，它们具有相同的结构。R和S的并是由属于R或属于S的元组组成的集合，并且删去重复的元组，运算符为∪，记为$R∪S$。

（2）差运算：两个同类关系R和S的差是由属于R但不属于S的元组组成的集合，运算符为−，记为$R−S$。

（3）交运算：两个同类关系R和S的交是由既属于R又属于S的元组组成的集合，运算符为∩，记为$R∩S$，$R∩S=R−（R−S）$。

3．广义笛卡儿积、除

（1）广义笛卡儿积。笛卡儿积运算：两个关系的合并操作可用笛卡儿积表示。设有n元关系R及m元关系S，它们分别有p、q个元组，则R与S的笛卡儿积为$R×S$，该关系是一个$n+m$元关系，元组个数是$p×q$。

（2）除运算：将一个关系中元组去除另一个关系中元组，表示为R/S。

4．选择运算

从关系中找出满足给定条件的元组的操作称为选择。

5．投影运算

从关系模式中指定若干个属性组成新的关系称为投影。

6．连接运算

连接运算是对两个关系进行的运算，其意义是从两个关系的笛卡儿积中选择满足给定属性间一定条件的那些元组。

6.4.4 数据库设计与管理

数据库设计是数据库应用的核心。

1．数据库设计概述

数据库设计的基本任务是根据用户对象的信息需求、处理需求和数据库的支持环境设计出数据模型。数据库设计的基本思想是过程迭代和逐步求精。数据库设计的根本目标是要解决数据共享问题。数据库设计有以下两种方法。

（1）面向数据的方法：以处理信息需求为主，兼顾处理需求，是主流的设计方法。

（2）面向过程的方法：以处理需求为主，兼顾信息需求。

目前，数据库设计一般采用生命周期法，即将整个数据库应用系统的开发分解成目标独立的若干个阶段，包括需求分析阶段、概念设计阶段、逻辑设计阶段、物理设计阶段、编码阶段、测试阶段、运行阶段、进一步修改阶段。

2．数据库的需求分析

需求收集和分析是数据库设计的第一阶段，这一阶段收集到的基础数据和一组数据流图是下一步设计概念结构的基础。需求分析的主要工作有绘制数据流程图、数据分析、功能分析、确定功能处理模块和数据之间的关系。

需求分析和表达经常采用的方法有结构化分析方法和面向对象的方法。结构化分析（简称SA）方法用自顶向下、逐层分解的方式分析系统。

数据流图表达数据和处理过程的关系，数据字典是对系统中数据的详尽描述，是各类数据属性的清单。

数据字典是各类数据描述的集合，它通常包括5部分：①数据项，是数据的最小单位；②数据结构，是若干数据项有意义的集合；③数据流，可以是数据项，也可以是数据结构，表示某一处理过程的输入和输出；④数据存储，处理过程中存取的数据，常常是手工凭证、手工文档或计算机文件；⑤处理过程。

数据字典是在需求分析阶段建立的，在数据库设计过程中需要不断修改、充实、完善。

3．数据库概念设计

数据库概念设计的目的是分析数据间内在的语义关联，在此基础上建立一个数据的抽象模型。

4．数据库逻辑设计

从E-R图到关系模型的转换是比较直接的，实体与联系都可以表示成关系，在E-R图中属性也可以转换成关系的属性。实体集也可以转换成关系。

5．数据库物理设计

数据库在物理设备上的存储结构与存取方法称为数据库的物理结构，它依赖于给定的计算机系统。为一个给定的逻辑模型选取一个最符合应用要求的物理结构的过程，就是数据库的物理设计。

6．数据库管理

数据库是一种共享资源，它需要维护与管理，这种工作称为数据库管理，而实施此项管理的人称为数据库管理员（DBA）。

6.5 综合训练

综合训练 1

1. 一个栈的初始状态为空。现将元素1、2、3、4、5、A、B、C、D、E依次入栈，然后再依次出栈，则元素出栈的顺序是（　　　）。

　　A）5ABCDE　　　　　　　　　　　　　B）EDCBA54321

　　C）ABCDE12345　　　　　　　　　　　D）54321EDCBA

2. 下列叙述中正确的是（　　　）。

　　A）循环队列有队头和队尾两个指针，因此循环队列是非线性结构

　　B）在循环队列中，只需要队头指针就能反映队列中元素的动态变化情况

　　C）在循环队列中，只需要队尾指针就能反映队列中元素的动态变化情况

　　D）循环队列中元素的个数是由队头指针和队尾指针共同决定

3. 在长度为n的有序线性表中进行二分查找，最坏情况下需要比较的次数是（　　　）。

　　A）$O(n)$　　　　　　　　　　　　　　B）$O(n^2)$

　　C）$O(\log_2 n)$　　　　　　　　　　　D）$O(n\log_2 n)$

4. 下列叙述中正确的是（　　　）。

　　A）顺序存储结构的存储一定是连续的，链式存储结构的存储空间不一定是连续的

　　B）顺序存储结构只针对线性结构，链式存储结构只针对非线性结构

　　C）顺序存储结构能存储有序表，链式存储结构不能存储有序表

　　D）链式存储结构比顺序存储结构节省存储空间

5. 数据流图中带有箭头的线段表示的是（　　　）。

　　A）控制流　　　　　B）事件驱动　　　　　C）模块调用　　　　D）数据流

6. 在软件开发中，需求分析阶段可以使用的工具是（　　　）。

　　A）N-S图　　　　　B）DFD图　　　　　　C）PAD图　　　　　D）程序流程图

7. 在面向对象方法中，不属于"对象"基本特点的是（　　　）。

　　A）一致性　　　　　B）分类性　　　　　　C）多态性　　　　　D）标识唯一性

8. 一间宿舍可住多个学生，则实体宿舍和学生之间的联系是（　　　）。

　　A）一对一　　　　　B）一对多　　　　　　C）多对一　　　　　D）多对多

9. 在数据管理技术发展的三个阶段中，数据共享最好的是（　　　）。

　　A）人工管理阶段　　　　　　　　　　　　B）文件系统阶段

　　C）数据库系统阶段　　　　　　　　　　　D）三个阶段相同

10. 有3个关系R、S和T如下：

	R	
A	B	
m	1	
n	2	

	S	
B	C	
1	3	
3	5	

	T	
A	B	C
m	1	3

由关系R和S通过运算得到关系T，则所使用的运算为（　　　　）。

A）笛卡儿积　　　　　　B）交　　　　　　　　C）并　　　　　　　　D）自然连接

综合训练 2

1. 下列叙述中正确的是（　　　　）。

    A）栈是"先进先出"的线性表

    B）队列是"先进后出"的线性表

    C）循环队列是非线性结构

    D）有序线性表既可以采用顺序存储结构，也可以采用链式存储结构

2. 支持子程序调用的数据结构是（　　　　）。

    A）栈　　　　　　　　B）树　　　　　　　　C）队列　　　　　　　　D）二叉树

3. 某二叉树有5个度为2的结点，则该二叉树中的叶子结点数是（　　　　）。

    A）10　　　　　　　　B）8　　　　　　　　C）6　　　　　　　　D）4

4. 下列排序方法中，最坏情况下比较次数最少的是（　　　　）。

    A）冒泡排序　　　　　　　　　　　　B）简单选择排序

    C）直接插入排序　　　　　　　　　　D）堆排序

5. 软件按功能可以分为应用软件、系统软件和支撑软件（或工具软件）。下面属于应用软件的是（　　　　）。

    A）编译程序　　　　　　B）操作系统　　　　　　C）教务管理系统　　　　D）汇编程序

6. 下面叙述中错误的是（　　　　）。

    A）软件测试的目的是发现错误并改正错误

    B）对被调试的程序进行"错误定位"是程序调试的必要步骤

    C）程序调试通常也称为Debug

    D）软件测试应严格执行测试计划，排除测试的随意性

7. 耦合性和内聚性是对模块独立性度量的两个标准。下列叙述中正确的是（　　　　）。

    A）提高耦合性降低内聚性有利于提高模块的独立性

    B）降低耦合性提高内聚性有利于提高模块的独立性

    C）耦合性是指一个模块内部各个元素间彼此结合的紧密程度

    D）内聚性是指模块间互相连接的紧密程度

8. 数据库应用系统中的核心问题是（　　　　）。

    A）数据库设计　　　　　　　　　　B）数据库系统设计

    C）数据库维护　　　　　　　　　　D）数据库管理员培训

9. 有两个关系R、S如下：

由关系R通过运算得到关系S，则所使用的运算为（　　　）。

	R				S	
A	B	C		A	B	
a	3	2		a	3	
b	0	1		b	0	
c	2	1		c	2	

  A）选择   B）投影   C）插入   D）连接

10. 将E-R图转换为关系模式时，实体和联系都可以表示为（　　　）。

  A）属性   B）键   C）关系   D）域

综合训练 3

1. 程序流程图中带有箭头的线段表示的是（　　　）。

  A）图元关系   B）数据流   C）控制流   D）调用关系

2. 结构化程序设计的基本原则不包括（　　　）。

  A）多态性   B）自顶向下   C）模块化   D）逐步求精

3. 软件设计中模块划分应遵循的准则是（　　　）。

  A）低内聚低耦合   B）高内聚低耦合   C）低内聚高耦合   D）高内聚低耦合

4. 在软件开发中，需求分析阶段产生的主要文档是（　　　）。

  A）可行性分析报告   B）软件需求规格说明书

  C）概要设计说明书   D）集成测试计划

5. 算法的有穷性是指（　　　）。

  A）算法程序的运行时间是有限的   B）算法程序所处理的数据量是有限的

  C）算法程序的长度是有限的   D）算法只能被有限的用户使用

6. 对长度为n的线性表排序，在最坏情况下，比较次数不是$n(n-1)/2$的排序方法是（　　　）。

  A）快速排序   B）冒泡排序   C）直接插入排序   D）堆排序

7. 下列关于栈的叙述正确的是（　　　）。

  A）栈按"先进先出"组织数据   B）栈按"先进后出"组织数据

  C）只能在栈底插入数据   D）不能删除数据

8. 在数据库设计中，将E-R图转换成关系数据模型的过程属于（　　　）。

  A）需求分析阶段   B）概念设计阶段

  C）逻辑设计阶段   D）物理设计阶段

9. 有三个关系R、S和T如下：

R		
B	C	D
a	0	k1
b	1	n1

S		
B	C	D
f	3	h2
a	0	k1
n	2	x1

T		
B	C	D
a	0	k1

由关系R和S通过运算得到关系T，则所使用的运算为（　　　　）。

A）并　　　　　　　　B）自然连接　　　　　C）笛卡儿积　　　　　D）交

10. 设有表示学生选课的三张表，学生S(学号，姓名，性别，年龄，身份证号)，课程C（课号，课名），选课SC（学号，课号，成绩），则表SC的关键字（键或码）为（　　　　）。

A）课号，成绩　　　　　　　　　　　B）学号，成绩

C）学号，课号　　　　　　　　　　　D）学号，姓名，成绩

综合训练 4

1. 下列数据结构中，属于非线性结构的是（　　　　）。

A）循环队列　　　B）带链队列　　　　C）二叉树　　　　　D）带链栈

2. 下列数据结构中，能够按照"先进后出"原则存取数据的是（　　　　）。

A）循环队列　　　B）栈　　　　　　　C）队列　　　　　　D）二叉树

3. 对于循环队列，下列叙述中正确的是（　　　　）。

A）队头指针是固定不变的

B）队头指针一定大于队尾指针

C）队头指针一定小于队尾指针

D）队头指针可以大于队尾指针，也可以小于队尾指针

4. 算法的空间复杂度是指（　　　　）。

A）算法在执行过程中所需要的计算机存储空间

B）算法所处理的数据量

C）算法程序中的语句或指令条数

D）算法在执行过程中所需要的临时工作单元数

5. 软件设计中划分模块的一个准则是（　　　　）。

A）低内聚低耦合　　　　　　　　　　B）高内聚低耦合

C）低内聚高耦合　　　　　　　　　　D）高内聚高耦合

6. 下列选项中不属于结构化程序设计原则的是（　　　　）。

A）可封装　　　　　B）自顶向下　　　　C）模块化　　　　　D）逐步求精

7. 软件详细设计生产的图如下：

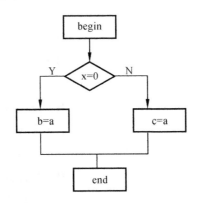

该图是（　　）。

A）N-S图　　　　　　B）PAD图　　　　　　C）程序流程图　　　D）E-R图

8. 数据库管理系统是（　　）。

A）操作系统的一部分

B）在操作系统支持下的系统软件

C）一种编译系统

D）一种操作系统

9. 在E-R图中，用来表示实体联系的图形是（　　）。

A）椭圆形　　　　　　B）矩形　　　　　　C）菱形　　　　　　D）三角形

10. 有三个关系R、S和T如下：

R				S				T		
A	B	C		A	B	C		A	B	C
a	1	2		d	3	2		a	1	2
b	2	1						b	2	1
c	3	1						c	3	1
								d	3	2

则关系T是由关系R和S通过某种操作得到，该操作为（　　）。

A）选择　　　　　　B）投影　　　　　　C）交　　　　　　D）并

综合训练 5

1. 下列叙述中正确的是（　　）。

A）线性表的链式存储结构与顺序存储结构所需要的存储空间是相同的

B）线性表的链式存储结构所需要的存储空间一般要多于顺序存储结构

C）线性表的链式存储结构所需要的存储空间一般要少于顺序存储结构

D）线性表的链式存储结构与顺序存储结构在存储空间的需求上没有可比性

2. 下列叙述中正确的是（　　　　）。

　　A）栈是一种"先进先出"的线性表　　　　　　B）队列是一种"后进先出"的线性表

　　C）栈与队列都是非线性结构　　　　　　　　　D）以上三种说法都不对

3. 软件测试的目的是（　　　　）。

　　A）评估软件可靠性　　　　　　　　　　　　　B）发现并改正程序中的错误

　　C）改正程序中的错误　　　　　　　　　　　　D）发现程序中的错误

4. 在软件开发中，需求分析阶段产生的主要文档是（　　　　）。

　　A）软件集成测试计划　　　　　　　　　　　　B）软件详细设计说明书

　　C）用户手册　　　　　　　　　　　　　　　　D）软件需求规格说明书

5. 软件生命周期是指（　　　　）。

　　A）软件产品从提出、实现、使用维护到停止使用的过程

　　B）软件从需求分析、设计、实现到测试完成的过程

　　C）软件的开发过程

　　D）软件的运行维护过程

6. 面向对象方法中，继承是指（　　　　）。

　　A）一组对象所具有的相似性质　　　　　　　　B）一个对象具有另一个对象的性质

　　C）各对象之间的共同性质　　　　　　　　　　D）类之间共享属性和操作的机制

7. 层次型、网状型和关系型数据库划分原则是（　　　　）。

　　A）记录长度　　　　　　　　　　　　　　　　B）文件的大小

　　C）联系的复杂程度　　　　　　　　　　　　　D）数据之间的联系方式

8. 一个工作人员可以使用多台计算机，而一台计算机可被多个人使用，则实体工作人员与实体计算机之间的联系是（　　　　）。

　　A）一对一　　　　　　B）一对多　　　　　　C）多对多　　　　　　D）多对一

9. 数据库设计中反映用户对数据要求的模式是（　　　　）。

　　A）内模式　　　　　　B）概念模式　　　　　　C）外模式　　　　　　D）设计模式

10. 有三个关系 R、S 和 T 如下：

R		
A	B	C
a	1	2
b	2	1
c	3	1

S		
A	B	C
a	1	2
b	2	1

T		
A	B	C
c	3	1

　　则由关系 R 和 S 得到关系 T 的操作是（　　　　）。

　　A）自然连接　　　　　　B）差　　　　　　C）交　　　　　　D）并

综合训练 6

1. 下列关于栈叙述正确的是（　　）。

　A）算法就是程序

　B）设计算法时只需要考虑数据结构的设计

　C）设计算法时只需要考虑结果的可靠性

　D）以上三种说法都不对

2. 下列叙述中正确的是（　　）。

　A）有一个以上根结点的数据结构不一定是非线性结构

　B）只有一个根结点的数据结构不一定是线性结构

　C）循环链表是非线性结构

　D）双向链表是非线性结构

3. 下列关于二叉树的叙述中，正确的是（　　）。

　A）叶子结点总是比度为2的结点少一个

　B）叶子结点总是比度为2的结点多一个

　C）叶子结点数是度为2的结点数的两倍

　D）度为2的结点数是度为1的结点数的两倍

4. 软件生命周期中的活动不包括（　　）。

　A）市场调研　　　　　B）需求分析　　　　　C）软件测试　　　　　D）软件维护

5. 某系统总体结构图如下：

　该系统总体结构图的深度是（　　）。

　A）7　　　　　　　B）6　　　　　　　C）3　　　　　　　D）2

6. 程序调试的任务是（　　）。

　A）设计测试用例　　　　　　　　　　B）验证程序的正确性

　C）发现程序中的错误　　　　　　　　D）诊断和改正程序中的错误

7. 下列关于数据库设计的叙述中，正确的是（　　）。

　A）在需求分析阶段建立数据字典　　　B）在概念设计阶段建立数据字典

　C）在逻辑设计阶段建立数据字典　　　D）在物理设计阶段建立数据字典

8. 数据库系统的三级模式不包括（　　）。

　A）概念模式　　　　　B）内模式　　　　　C）外模式　　　　　D）数据模式

9. 有三个关系 R、S 和 T 如下：

	R	
A	B	C
a	1	2
b	2	1
c	3	1

S	
A	D
c	4

	T		
A	B	C	D
c	3	1	4

则由关系 R 和 S 得到关系 T 的操作是（　　　）。

A）自然连接　　　　　　B）交　　　　　　　　C）投影　　　　　　　D）并

10. 下列选项中属于面向对象设计方法主要特征的是（　　　）。

A）继承　　　　　　　　B）自顶向下　　　　　　C）模块化　　　　　　D）逐步求精

第7章 公共基础知识新大纲

7.1 基本要求

1. 掌握算法的基本概念。
2. 掌握基本数据结构及其操作。
3. 掌握基本排序和查找算法。
4. 掌握逐步求精的结构化程序设计方法。
5. 掌握软件工程的基本方法，具有初步应用相关技术进行软件开发的能力。
6. 掌握数据库的基本知识，了解关系数据库的设计。

7.2 考试内容

一、基本数据结构与算法

1. 算法的基本概念；算法复杂度的概念和意义（时间复杂度与空间复杂度）。
2. 数据结构的定义；数据的逻辑结构与存储结构；数据结构的图形表示；线性结构与非线性结构的概念。
3. 线性表的定义；线性表的顺序存储结构及其插入与删除运算。
4. 栈和队列的定义；栈和队列的顺序存储结构及其基本运算。
5. 线性单链表、双向链表与循环链表的结构及其基本运算。
6. 树的基本概念；二叉树的定义及其存储结构；二叉树的前序、中序和后序遍历。
7. 顺序查找与二分法查找算法；基本排序算法（交换类排序，选择类排序，插入类排序）。

二、程序设计基础

1. 程序设计方法与风格。
2. 结构化程序设计。
3. 面向对象的程序设计方法，对象，方法，属性及继承与多态性。

三、软件工程基础

1. 软件工程基本概念，软件生命周期概念，软件工具与软件开发环境。
2. 结构化分析方法，数据流图，数据字典，软件需求规格说明书。
3. 结构化程序设计方法，总体设计与详细设计。
4. 软件测试的方法，白盒测试与黑盒测试，测试用例设计，软件测试的实施，单元测试、集成测试和系统测试。
5. 程序的调试，静态调试与动态调试。

四、数据库设计基础

1. 数据库的基本概念：数据库，数据库管理系统，数据库系统。
2. 数据模型，实体联系模型及 E-R 图，从 E-R 图导出关系数据模型。
3. 关系代数运算，包括集合运算及选择、投影、连接运算，数据库规范化理论。
4. 数据库设计方法和步骤：需求分析、概念设计、逻辑设计和物理设计的相关策略。

参考文献

[1] 教育部考试中心. 二级Access数据库程序设计考试大纲（2022年版）. 2021.

[2] 教育部考试中心. 全国计算机等级考试二级教程-Access数据库程序设计（2022年版）[M]. 北京：高等教育出版社，2022.

[3] 教育部考试中心. 全国计算机等级考试二级教程-公共基础知识（2022年版）[M]. 北京：高等教育出版社，2022.

[4] 未来教育教学与研究中心. 全国计算机等级考试上机考试题库-二级Access[M]. 成都：电子科技大学出版社，2021.

[5] 刘卫国. Access数据库基础与应用[M]. 4版. 北京：北京邮电大学出版社，2021.

[6] 刘卫国. Access数据库基础与应用实验指导[M]. 4版. 北京：北京邮电大学出版社，2021.

[7] 蒲东兵，罗娜. Access 2016数据库技术与应用[M]. 北京：人民邮电出版社，2021.

[8] 吴汝明，辛小霞. Access 2016数据库系统原理与应用[M]. 北京：人民邮电出版社，2021.

[9] 苏林萍，谢萍. Access 2016数据库教程[M]. 北京：人民邮电出版社，2021.

[10] 卢山. Access数据库实用教程习题与实验指导[M]. 3版.北京：人民邮电出版社，2021.

[11] 刘卫国. Access数据库基础与应用[M]. 2版. 北京：北京邮电大学出版社，2013.

[12] 刘卫国. Access数据库基础与应用实验指导[M]. 2版. 北京：北京邮电大学出版社，2013.

[13] 赵丹青，雷虎，涂小琴. Access数据库技术与应用教程[M]. 成都：电子科技大学出版社，2016.

[14] 雷虎，古发辉. Access数据库技术与应用教程实验指导[M]. 成都：电子科技大学出版社，2016.

[15] 陈薇薇，冯莹莹，巫张英. Access 2010数据库基础与应用教程[M]. 2版. 北京：人民邮电出版社，2017.

[16] 刘卫国. Access 2010数据库应用技术[M]. 2版. 北京：人民邮电出版社，2018.

[17] 杨绍增，陈道贺. Access 2010数据库等级考试简明教程[M]. 北京：清华大学出版社，2015.

[18] 聂玉峰. Access 2010数据库原理及应用实验指导[M]. 北京：科学出版社，2016.